中国水利教育协会
高等学校水利类专业教学指导委员会

共同组织

全国水利行业"十三五"规划教材（高等教育）

矿床水文地质学

主　编　张永波

副主编　郭亮亮　时红

中国水利水电出版社
www.waterpub.com.cn
·北京·

内 容 提 要

本书共分六章，主要内容包括矿床与采矿基础知识、矿床充水条件与矿床水文地质类型、矿坑涌水量预测、矿井突水及其防治技术、采矿活动对地下水的影响及其防治技术、矿床水文地质调查要点等。

本书为高等学校水文与水资源工程专业（水文地质方向）、地下水科学与工程专业适用教材，也可供高等院校地质工程、采矿工程专业及相关工程技术人员参考。

图书在版编目（CIP）数据

矿床水文地质学 / 张永波主编. -- 北京：中国水利水电出版社，2020.1
全国水利行业"十三五"规划教材. 普通高等教育
ISBN 978-7-5170-8019-0

Ⅰ.①矿… Ⅱ.①张… Ⅲ.①矿床—水文地质学—高等学校—教材 Ⅳ.①P641

中国版本图书馆CIP数据核字(2019)第299756号

书　名	全国水利行业"十三五"规划教材（普通高等教育） **矿床水文地质学** KUANGCHUANG SHUIWEN DIZHIXUE
作　者	主编　张永波　　副主编　郭亮亮　时红
出版发行	中国水利水电出版社 （北京市海淀区玉渊潭南路1号D座　100038） 网址：www.waterpub.com.cn E-mail：sales@waterpub.com.cn 电话：(010)68367658（营销中心）
经　售	北京科水图书销售中心（零售） 电话：(010)88383994、63202643、68545874 全国各地新华书店和相关出版物销售网点
排　版	中国水利水电出版社微机排版中心
印　刷	北京市密东印刷有限公司
规　格	184mm×260mm　16开本　9.75印张　237千字
版　次	2020年1月第1版　2020年1月第1次印刷
印　数	0001—1500册
定　价	**30.00元**

前 言

　　本书是全国水利行业"十三五"规划教材之一。

　　矿床水文地质学是水文地质学的一个分支，专门研究矿床开采所引起的与地下水有关的一系列问题以及调查、评价、预测、解决这些问题的方法，为矿床的安全开采及矿区水资源的保护提供水文地质依据。学习本课程后，学生能基本掌握矿床水文地质的一般工作方法，具有分析和解决矿井涌水、突水及采矿对地下水资源的破坏等问题的初步能力。

　　本书共分六章。第一章介绍有关矿床地质、采矿工程、开采沉陷等的基础知识；第二章介绍矿床充水条件与矿床水文地质类型；第三章介绍矿坑涌水量预测；第四章介绍矿井突水及其防治技术；第五章介绍采矿活动对地下水的影响及其防治技术；第六章介绍矿床水文地质调查要点。

　　本书由太原理工大学张永波主编，参与编写的有张永波（绪论、第一章）、郭亮亮（第三章～第五章）、时红（第二章、第六章）。

　　本书在编写过程中得到了防灾科技学院迟宝明教授的悉心指导，还得到张志祥老师及刘强、帅官印、刘伟、郭江波、王琪等研究生的大力帮助。本书参阅了有关院校、生产单位编写的教材和技术资料的部分内容，编者在此一并致谢。

　　由于编者水平所限，错误和缺点在所难免，敬请读者批评指正。

编者
2018 年 6 月

目 录

绪　　论

一、目的和意义

我国地大物博，丰富的矿产资源为我国经济建设的高速发展提供了重要物质基础，而多样复杂的自然地理环境和地质条件，又使人们在开发矿床时会遇到许多水文地质问题，需要应用矿床水文地质学的原理和方法加以研究和解决。

矿井突水是开采矿床过程中的主要灾害之一。中国煤矿的水文地质条件十分复杂，华北地区煤矿受煤层底板奥灰水影响严重，而华南地区煤层开采既受底板岩溶水影响，又受顶板岩溶水威胁。同时，近几年煤炭行业整顿关闭了大量不具备安全生产条件的各类小煤矿，这些小煤矿积聚了大量老空积水，对正规煤矿安全开采造成严重威胁。据不完全统计，1956—1994 年，我国北方煤矿开采山西组和太原组煤层时，来自太原组石灰岩和基底奥陶系、寒武系石灰岩岩溶水的煤层底板突水 1300 余次，其中淹井 200 余次，造成经济损失数十亿元，伤亡数千人。由于地质条件非常复杂，即使近年来采矿技术不断提升，仍会发生矿井突水事故。例如，2010 年 3 月 1 日，内蒙古神华集团乌海能源有限公司骆驼山煤矿在建矿井发生奥灰水透水事故。2010 年 3 月 28 日，中煤集团一建公司 63 处碟子沟项目部施工的华晋公司王家岭矿（在山西省临汾市乡宁县境内）北翼盘区 101 回风顺槽发生透水事故，初步判断为小窑老空水，事故造成 153 人被困，经全力抢险，115 人获救，另有 38 名矿工遇难。2015 年 4 月 19 日，山西省同煤集团地煤公司姜家湾煤矿发生透水事故，该矿当班 247 人下井，223 人安全升井，24 人被困井下，其中 3 人获救，21人遇难，事故原因是上层采空区积水。2016 年 4 月 25 日，铜川市耀州区照金煤矿 202 工作面发生透水事故，11 名矿工遇难。矿井水灾害问题制约了采矿的生产和发展，影响了矿井生产的连续性。

地下水是地球上水资源的一个重要组成部分，它具有水质洁净、温度变化小和分布广泛等优点，是居民生活、工农业生产和国防建设的一个重要水源。煤水共生，采煤会对水资源产生一定的影响和破坏。如煤矿疏干排水导致矿区含水层水位下降、水量减少、水质变差，更为严重的是引起地面下沉。一些水量较大的矿区（如岩溶矿区），矿坑长期排水，地下水位大幅下降，造成附近工农业及居民用水困难。部分矿山开采一吨煤需要排出近百吨的地下水，有些矿山则由于矿坑水被污染而无法饮用，出现了"井下大水、井上缺水喝"的尖锐现象。

因此，研究矿床水文地质学的目的和意义可以概括为：在矿产开采过程中，避免发生突水事故，同时尽量减少对水资源的破坏。

二、主要内容

矿床水文地质学是水文地质学的一个分支，专门研究矿床开采所引起的与地下水有关的一系列问题以及调查、预测、解决这些问题的方法，为矿床的顺利开采及矿区水资源的保护提供有关的水文地质资料。本课程主要包括以下内容：

（1）矿床水文地质条件分析，包括矿床充水条件分析、矿床水文地质类型划分等。

（2）矿井涌水量的预测技术和方法，包括矿坑涌水量概念及各类矿坑涌水量预测方法的原理、特点及适用条件等。

（3）矿井突水的预测及其防治技术，包括矿井突水与预测方法、突水水源判断与突水量估算、矿井突水防治技术等。

（4）采矿对地下水的破坏及其防治技术，包括矿区地下水资源破坏与评价、矿区水污染与影响预测、矿区水资源保护措施、矿区水综合利用模式以及矿区污水处理与资源化等。

（5）矿床水文地质调查方法，包括矿床水文地质测绘、勘探、试验等调查方法以及矿床水文地质成果编制等。

三、研究方法

现代矿床水文地质学的研究内容和研究方法，都是由多门地质学科（包括水文地质学、工程地质学、环境地质学、矿床学）的内容交叉构成的，因而是一门具有综合性和实用性的边缘地质学科。矿床水文地质条件复杂多变，因此矿床水文地质学研究方法为理论与实践相互结合，主要有以下方法：

（1）水文地质测绘。水文地质测绘是对矿区地下水和与其相关的各种现象进行现场观察、描述、测量、编录和制图的一项综合性工作，主要包括对矿区、井巷及老空区的调查。

（2）水文地质勘探。水文地质勘探是查明矿床充水条件的主要方法，包括物探、化探及钻探等。

（3）水文地质试验。水文地质试验是测定含水层的水文地质参数、裂隙岩溶发育程度以及连通情况等的一种野外方法，包括抽水、放水、注水、压水、涌水和连通等试验。

（4）理论分析和计算。采用岩体力学、水文地质学、水力学及地下水动力学等相关理论分析矿床水文地质条件，结合数值计算及统计学等方法，预测矿床涌水量及突水量。

近年来，随着现代科学技术不断发展及革新，引进许多新的调查方法，包括航卫片地质-水文地质解译、各种高精度物探方法、水文地质参数的直接测定方法、地下水同位素测试技术等。这些先进的调查手段大大提高了矿区水文地质调查工作的精度、广度、深度和工作效率。

四、本课程的发展与展望

矿床水文地质学作为一门具有独立系统的学科，是 20 世纪 20 年代以后逐渐形成的。它首先创建于苏联，并随着我国和世界采矿事业的发展而不断完善。中华人民共和国成立初期，主要学习苏联经验，进行全国范围的矿区水文地质工程地质勘探工作。改革开放后，我国矿床水文地质工作突飞猛进，进行了大型重点矿区的专门水文地质工程地质勘探和非稳定流抽水试验。随着向深部延深开采以及在水体下开采，煤矿开采的矿压和水文地质条件变得越来越复杂，老窑水隐患越来越严重。在干旱少雨的地区井下甚至也会发生水害事故；一些井田在勘察阶段水文地质条件简单，建井以后却发现与原来的条件差异很大，不得不对矿井排水系统和防治水措施重新进行设计和修改。可见，我国煤矿水文地质条件极为复杂，无论是受水威胁的面积、类型，还是水害威胁的严重程度，都是世界罕见的。因此，矿床水文地质学也将随着矿产开采问题的不断涌现而不断发展。

第一章　矿床与采矿基础知识

第一节　矿床地质基础知识

一、矿石、矿体、矿床及矿产

凡经济上有价值和技术上可提取有用元素、化合物或矿物的岩石，称为矿石。它可分为简单矿石和复杂矿石：只提供一种元素或可利用矿物的矿石称为简单矿石；能提供一种以上有用元素或可利用矿物的矿石称为复杂矿石，如铜铅锌矿石、铅锌矿石、石英云母矿石等。矿石的自然堆积体称为矿体。矿体是独立的地质体，有一定的形状、大小和产状，并占有一定空间。根据矿体内的矿石成分不均匀性，可形成富矿体或贫矿段，达不到工业要求的称为夹石。

由成矿地质作用在地壳中形成的质和量皆符合当前技术条件，可被开采和利用的地质体称为矿床，它由矿体和围岩组成。矿体是构成矿床的基本组成单位，一个矿床可由一个或多个矿体组成。包围矿体的无实用价值的岩石称为矿体的围岩。提供矿体中成矿物质来源的岩石，称为母岩。矿体和围岩两者之间的界线有的清楚，有的无明显界线。当矿体和围岩的界线不明显时，就需要通过取样、化验，用国家规定的工业指标来圈定。没有达到边界品位的部分称为围岩，而达到边界品位的部分称为矿体。若矿体和围岩是同一地质作用中的产物，即两者是同时生成的，则此种矿床称为同生矿床；若矿体在围岩之后生成，则称为后生矿床。

在地壳中，由地质作用形成且能被利用的矿物资源称为矿产。它是人类社会重要的生产资料和劳动对象。根据工业用途，矿产可分为金属矿产、非金属矿产和燃料矿产。

1. 金属矿产

金属矿产是指可供工业上提取金属原料的有用矿产资源。按照工业的主要用途及金属本身性质的不同，分为下列几种：

（1）黑色金属（或称铁合金金属）矿产，如铁、锰、铬、钒、钛、镍、钴、钨、钼等。

（2）有色金属（或称非铁合金金属）矿产，如铜、铅、锌、锡、铋、锑、汞等。

（3）轻金属矿产，如铝、镁等。

（4）贵金属矿产，如金、银、铂、钯、锇、铱、钌、铑等。

（5）放射性金属矿产，如铀、钍（和镭）等。

（6）稀有和分散元素金属矿产，如铌、钽、铍、锂、锆、稀土金属、钇、硼、锶、铯、锗、铊、钪、镉、硒、碲、镓、镓、铟、铪、铼等。

2. 非金属矿产

非金属矿产是指工业上不作为提取金属元素来利用的有用矿产资源，包括可被利用的各种岩石等。工业上除少数非金属矿产是用来提取某种非金属元素（如磷、硫等）外，大多数非金属矿产是利用其矿物或矿物集合体（包括岩石）的某些物理、化学性质和工艺特性等。如金刚石是利用它的硬度和光泽；云母是利用它的绝缘性；石棉是利用它的耐火、耐酸、绝缘、绝热和纤维特性；冰洲石是利用它的光学性质；透明石英是利用它的光学及压电特性；花岗岩是利用它的结构、色泽和硬度等特性作为建筑石料等。

非金属矿产按工业用途的不同，主要可分为以下几种：

（1）冶金工业原料，如萤石、菱镁矿、耐火黏土和石灰岩等。

（2）化学工业及肥料工业原料，如磷灰石、黄铁矿和钾盐等。

（3）工业制造业原料，如石墨、金刚石、云母、石棉、重晶石、刚玉等。

（4）压电及光学原料，如压电石英、光学石英、冰洲石和萤石等。

（5）陶瓷及玻璃工业原料，如长石、石英砂、高岭土和黏土等。

（6）建筑材料及水泥材料，如砂、砾石、浮石、白垩、石灰岩、石膏、花岗岩和松脂岩等。

（7）工艺美术材料，如硬玉、软玉、玛瑙、水晶、蔷薇辉石、绿松石、琥珀、叶蜡石、蛇纹石、孔雀石，电气石等。

此外，非金属矿产还可分为铸石材料（如辉绿岩等）、研磨材料（如石榴石、金刚石、刚玉等）等。

3. 燃料矿产

燃料矿产（或称为可燃性有机岩矿产）是指能够为工业或民用提供燃料的地下资源。它是在地质历史时期的某一阶段，地球上的生物群（动物或植物）遗体在适宜的地质环境中堆积起来，经过物理和化学作用而形成的。按其存在的形式，燃料矿产可简略地分为三大类：

（1）固体燃料矿产，如煤、油页岩、地蜡、地沥青等。

（2）气体燃料矿产，如天然气。

（3）液体燃料矿产，如石油。

此外，地下水也常被视为人类不可缺少的矿产资源之一，被大量开采和利用。

二、矿体的形状和产状

1. 矿体的形状

矿体的形状是指矿体在空间的产出形态。形状不同的矿体与周围含水层（体）之间具有不同的接触形态，发生不同的水力联系，使矿床具有不同的水文地质特征。根据矿体在空间三个方向延伸情况的不同，可把矿体划分成下列几种几何类型：

（1）等轴状矿体。指在空间的三个方向上，矿体的延伸状况大体相同，如矿巢（图1-1）、矿囊（图1-2）、矿袋（图1-3）等。此类矿体一般规模较小，直径为几米至几十米，可处在含水层或隔水层中。

（2）柱状矿体。指在空间上一个方向延长（主要指上下延伸），其余两向不发育或缩短的矿体，如矿柱、矿筒、矿管等，可分布在含水层或隔水层中。这类柱（筒、管）体横断面的直径一般为几米至几十米。已知的最大直径（金伯利岩筒）达百米以上，延深达1km以上。图1-4所示是柱状矿体的形态。

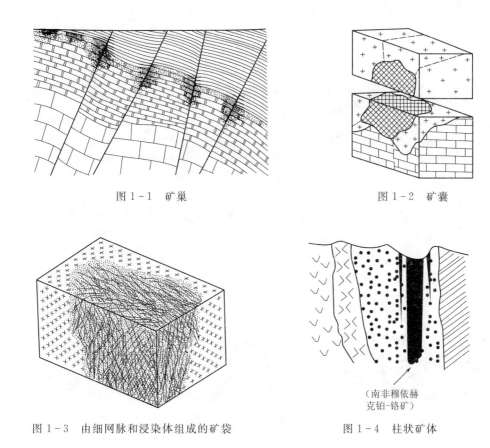

图 1-1　矿巢

图 1-2　矿囊

图 1-3　由细网脉和浸染体组成的矿袋

图 1-4　柱状矿体

（南非穆依赫
克铂-铬矿）

（3）板状矿体。指在空间上两个方向延伸大，第三个方向不发育的矿体，如矿脉（图 1-5）、矿层（图 1-6）等，其顶底板（或其一）可为含水层。

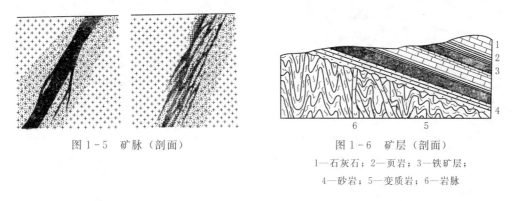

图 1-5　矿脉（剖面）

图 1-6　矿层（剖面）

1—石灰石；2—页岩；3—铁矿层；
4—砂岩；5—变质岩；6—岩脉

（4）过渡型矿体。自然界许多矿体的形状，实际上介于等轴状与板状之间，或介于板状与柱状之间，而不属于上述任一类型，从而构成三种主要几何形态之间的过渡类型，如透镜状或扁豆状矿体（图 1-7）等。

（5）复杂型矿体。一些矿体产出的形态异常复杂或极不规则，在空间上变化多端成群出现。这类矿体的形态与构造裂隙形态的关系极为密切。一般而言，断裂或裂隙的形态即

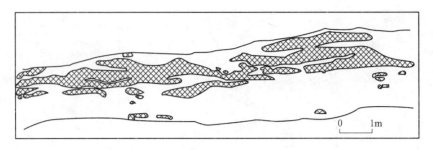

图 1-7　透镜状或扁豆状矿体

矿体的形态，如网格状矿体（图 1-8）、鞍状矿体（图 1-9）、梯状矿体（图 1-10）、马尾丝状矿体（图 1-11）、羽毛状矿体（图 1-12）等。

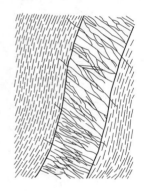

图 1-8　网格状矿体　　　图 1-9　鞍状矿体　　　图 1-10　梯状矿体

图 1-11　马尾丝状矿体　　　　　图 1-12　羽毛状矿体

2. 矿体的产状

矿体的产状是指矿体的空间产出情况，包括矿体的产状要素、矿体与围岩的关系、矿体与侵入岩体的空间位置关系、矿体埋藏情况、矿体与地质构造的关系五个方面。

（1）矿体的产状要素。对于板状矿体的空间位置而言，矿体的产状要素表示方法与一般岩层的表示方法相同，即用走向、倾向和倾角来表示。但对某些具有最大延伸和透镜状截面的矿体，如柱状矿体、透镜状矿体等，除了用走向、倾向和倾角来表示外，还要测量它们的侧伏角和倾伏角，以确切控制其最大延伸方向。所谓侧伏角是指矿体最大延伸方向（矿体的轴线）与矿体走向线之间的夹角；倾伏角是指矿体最大延伸方向与其水平投影线之间的夹角，如图 1-13 的示。

（2）矿体与围岩的关系。矿体的围岩包括岩浆岩、变质岩及沉积岩，矿体平行或截于围岩的层理或片理。

（3）矿体与侵入岩体的空间位置关系。矿体是产在岩体内部的，或是产在围岩与侵入岩的接触带中，或是产在距接触带有一定距离的围岩中。

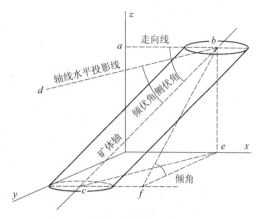

图 1-13 矿体产状要素示意图

（4）矿体埋藏情况。矿体埋藏情况指矿体是出露于地表的，或是隐伏地下的盲矿体，以及矿体的埋藏深度等。盲矿体又分为隐伏矿体（未曾出露到地表）和埋藏矿体（曾出露到地表，后被掩埋）。

（5）矿体与地质构造的关系。矿体与地质构造的关系即一系列有成因联系的矿体在褶皱、断裂构造内的排列方向和赋存规律。

层状矿体按其厚度可分为极薄层（<0.8m）、薄层（0.8～4m）、中厚层（4～10m）、厚层（10～30m）和极厚层（>30m）；按其倾角可分为水平与微倾斜（<5°）、缓倾斜（5°～30°）、倾斜（30°～55°）和急倾斜（>55°）等。

三、矿石品位和矿产储量

1. 矿石品位

矿石品位是指矿石中有用组分或有用矿物的单位含量。在金属矿床中，矿石品位是指其中的金属元素或其氧化物的百分含量；在非金属矿床中，则指其中非金属元素、组分、有用矿物的百分含量或者是单位体积中的含量。矿石品位的表示方法各不相同：有的以其元素（如 Fe、Cu、Pb、Zn、S 等）质量百分比来表示，例如铁矿石的品位为 48%，即指该矿石中含 Fe 48%；有的以其氧化物（如 Al_2O_3、Cr_2O_3、BeO、WO_3、P_2O_5 等）的含量来表示，例如铝土矿石的品位为 50%，即指矿石中 Al_2O_3 的含量为 50%；贵金属（如 Au、Pt 等）矿石用 "g/t" 来表示；砂矿床（如砂锡矿、砂金矿等）用 "g/m^3" 或 "kg/m^3" 来表示；有的非金属矿床（如岩盐、石墨、萤石等）则以有用矿物原料的质量百分数来表示；云母含量则以 "kg/m^3" 来表示等。

矿石工业品位（最低工业品位）是指在当前技术经济条件下，能够供工业开采利用的最低品位要求。用以圈定工业矿体边界的品位称为边界品位，低于边界品位的矿石是夹石。在勘探矿床时，矿体（或矿段、矿区）的平均品位必须达到或超过最低工业品位。只有达到最低工业品位的矿体或矿段，才能计算工业储量；介于边界品位和工业品位之间的，则列为工业上暂不能利用的储量（即平衡表外储量）。矿石的最低工业品位是随矿床的开采条件、加工利用的难易程度、交通运输条件的好坏、综合利用程度的高低等经济技术因素和科学技术发展水平而变化的。

2. 矿产储量

矿产储量即矿产在地下的埋藏量，它是确定矿山规模、投资和矿山服务年限的主要依据。在矿产调查阶段及开采过程中，都需进行储量计算。大多数矿产的储量数字用质量（t、kg 等）表示，部分矿产（如建材）用体积（m³）表示。

在地质调查期间，应按不同地段、不同储量级别、不同矿石自然类型、不同工业品位等分别计算储量，开采时还需计算生产储量。一般情况下，露天开采应计算开拓储量及备采储量；地下开采时应计算开拓、采准及备采三级储量。

四、矿床成因类型

1. 成岩地质作用

如果从成矿地质作用及成矿物质的来源来考虑，成矿作用可归纳为三大类：内生成矿作用、外生成矿作用和变质成矿作用。由内生成矿作用所形成的各种矿床总称为内生矿床；同理，由外生成矿作用形成的各种矿床称为外生矿床，由变质成矿作用形成的各种矿床称为变质矿床。

（1）内生成矿作用。由于地球内部各种能量导致矿床形成的所有地质作用，称为内生成矿作用。根据其所处物理化学条件及地质作用的不同，可分为侵入岩浆、伟晶岩、气水-热液和火山四种成矿作用类型，并分别形成相应的内生矿床。除与火山活动有关的成矿作用外，其他内生成矿作用都发生于地壳内部不同深度，是在较高温度和压力条件下进行的。

（2）外生成矿作用。外生成矿作用是指在外动力地质作用下，在地壳表面常温常压下所进行的各种成矿作用。其成矿物质主要来源于出露或接近地表的岩石、矿床、火山喷出物以及生物有机体等。外生成矿作用就是这些物质在风化、剥蚀、搬运以及沉积等作用过程中，富集成为矿床的作用。按其形成时作用的不同，进一步分为风化成矿作用和沉积成矿作用。

（3）变质成矿作用。变质成矿作用也发生在地壳内部，主要有区域变质成矿作用和岩浆侵入引起的接触变质成矿作用。所形成的矿床是由原岩或原矿床在高温高压下经改造而形成的。变质矿床虽然也是内动力地质作用下的产物，但成矿作用的方式以及矿床的次生性质，显然和内生矿床有所不同，所以划归另一类型矿床。变质成矿作用和变质作用一样，可进一步划分为接触变质、区域变质、混合岩化三种成矿作用类型，并各自形成相应的变质矿床。

2. 矿床成因分类

矿床成因分类就是以上述各种成矿作用为依据所进行的分类。因为无论成矿物质来源如何，它们都要经过一定方式的成矿作用，而后形成各式各样的矿床。矿床成因分类见表 1-1。

表 1-1 　　　　　　　　　　矿 床 成 因 分 类

作用类型	成因类型	具 体 类 型
内生矿床	岩浆矿床	分结矿床,爆发矿床,熔离矿床
	伟晶岩矿床	伟晶岩矿床
	气液矿床	矽卡岩矿床,热液矿床
	火山矿床	火山岩浆矿床,火山-次火山气液矿床,火山-沉积矿床

续表

作用类型	成因类型	具 体 类 型
外生矿床	风化矿床	残积、坡积矿床,残余矿床,淋积矿床
	沉积矿床	机械沉积矿床,真溶液沉积矿床,胶体化学沉积矿床,生物-生物化学沉积矿床,火山-沉积矿床
变质矿床	接触变质矿床	受变质矿床,变成矿床
	区域变质矿床	受变质矿床,变成矿床

注 表中未包括"层控矿床"和"可燃有机矿床"。

下面介绍主要的矿床成因类型:

(1)岩浆矿床。岩浆侵入地壳或喷出地表过程中形成的矿床称为岩浆矿床,如铬、镍、铂、金刚石、钒、钛、铜、钴、铁、磷等。该类矿床和围岩多发育有各种裂隙,故裂隙水是该类矿床主要充水水源。

(2)伟晶岩矿床。伟晶岩是一种矿物成分与母岩的矿物成分基本一致,晶体特别粗大的脉状岩体,富含稀有及放射性元素,富含挥发性组分的矿物易于富集,产铍、铌、锂及云母、水晶等。伟晶岩脉中常见有文象结构、带状构造等特殊的结构、构造类型。伟晶岩矿床裂隙较发育,多成为含水较丰富的裂隙水带。

(3)气水-热液矿床。气水-热液主要是由水和氟、氯、硼、硫、磷等易挥发性组分组成的热水溶液,由于它经常含有各种成矿组分,故又称为含矿气水热液。含矿气水热液的温度一般为50~500℃,当它在一定的地质构造中运移时,由于温度、压力和组分浓度等物理、化学条件的变化,平衡遭到破坏,其中的某些成矿物质通过充填或交代作用,发生沉淀、聚集,以致形成矿床,这类矿床称之为气水-热液矿床。

根据成矿地质条件,可把气水-热液矿床分为热液矿床和接触交代矿床两大类。在成因和空间上与硅卡岩有关的矿床,则称为硅卡岩矿床。硅卡岩矿床的水文地质条件复杂,多为岩溶水充水矿床。接触交代矿床的围岩一侧多为岩溶水,远离接触带的矿床,则多处于岩溶水包围之中,甚至矿体本身也含水。

(4)风化矿床。地壳表层的岩石和矿床,在大气、水、生物等营力的作用下,发生破碎和分解,并导致矿物成分和化学成分改组的一种非常复杂的作用,称为风化作用。由风化产物所组成的岩石圈的部分称为风化壳。风化壳中由风化产物构成的矿床称为风化矿床或风化壳矿床,主要产出铁、锰、铝、镍、钴、金、金刚石、磷块岩及高岭土等,按成因分为残积和坡积矿床、残余矿床、淋积矿床。其主要充水层为风化裂隙潜水层,一般水文地质条件较简单。

(5)沉积矿床。地表风化产物、火山喷发物以及宇宙尘等,经地表水、风、冰川和生物等挟带,被搬运到适宜的地表地质环境中沉积下来,称为沉积作用。当沉积层中的有用物质富集达到工业要求时,便成为沉积矿床。换言之,由地表沉积作用形成的矿床称为沉积矿床。沉积矿床所产矿物种类丰富,特别是生物化学和胶体化学沉积矿床,多与碳酸盐岩共生,具有利于蓄水的构造特征,受岩溶水的作用,其矿床水文地质条件极为复杂。

(6)变质矿床。地壳内的岩石和矿床,由于所处地质环境的变化和温度、压力的增高,其矿物成分、化学成分、结构构造和形态产状等都可发生不同程度的变化。产生这种变化的地质作用称为变质作用。被变质作用改造过的矿床和由变质作用形成的矿床都称为变质矿床。该类矿床多数为水文地质条件简单的裂隙充水矿床。变质矿床的矿产种类繁多，除铁、金、铀、铜、铅、锌等金属矿产外，还有大量非金属矿产，如滑石、菱镁矿、硼、磷、石墨、石棉和高铝研磨原料。

第二节 采矿工程基础知识

采矿工程（或采矿）是从地下或地表开采矿产资源，并运输到加工地点或使用地点的技术和科学。采矿一般指金属或非金属矿床的开采，本书以煤炭开采为例，介绍采矿工程相关知识及工艺。

一、矿床的开采单位

1. 煤田划分为井田

（1）煤田。在地质历史发展过程中，由含碳物质沉积形成的基本连续的大面积含煤地带，称为煤田。煤田有大有小，大的煤田面积可达数万平方千米，煤炭资源储量达到数百甚至上千亿吨；小的煤田面积只有几平方千米，甚至不足 $1km^2$，煤炭资源储量较少。

（2）矿区。对于面积大、储量多的煤田，若由一个矿井来开采，不仅在经济上不合理，而且在技术上也难以实现。因此，需要将煤田进一步划分成适合于由一个矿区或一个矿井来开采的若干区域。

开发煤田形成的社会区域称为矿区。大的煤田往往被划分成几个矿区开发（图 1-14）。

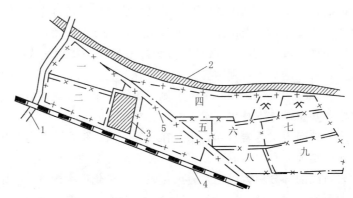

图 1-14 某煤田矿区划分

1—河流；2—露头；3—城镇；4—铁路；5—大断层；一～九—矿区

（3）井田。矿区的范围仍然很大，需根据煤炭储量、赋存条件、煤炭市场需求量和投资环境等情况，确定矿区规模，划分井田，规划井田开采方式，规划矿井或露天矿建设顺序，确定矿区附属企业的类别、数量和生产规模、建设过程等。

在矿区内，划归给一个矿井开采的煤田，称为井田。如陕西铜川矿区划分成东坡、鸭口、徐家沟、金华山、王石凹、李家塔、三里洞、桃园、史家河等井田，如图 1-15 所示。确定井田范围大小、矿井生产能力和服务年限，是矿区总体设计中应解决的关键问题。

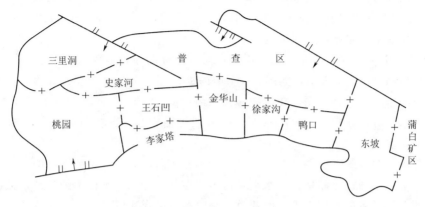

图 1-15 铜川矿区井田划分

2. 井田内的再划分

（1）近水平煤层井田划分。开采近水平煤层，井田沿倾斜方向高差很小。通常沿煤层延展方向布置大巷，在大巷两侧划分出具有独立生产系统的块段，这样的块段称为盘区或带区，如图 1-16 所示。盘区内巷道布置方式及生产系统与采区布置基本相同，带区则与阶段内的带区式布置基本相同。采区、盘区、带区的开采顺序一般采用前进式，先开采井田中央井筒附近的采区（或盘区、带区）有利于减少初期工程量及初期投资，使矿井尽快投产。

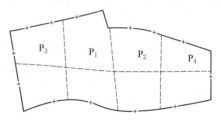

图 1-16 井田直接划分为盘区
$P_1 \sim P_4$—第一～第四盘区

（2）倾斜煤层井田划分。

1）阶段。在井田范围内，沿着煤层的倾斜方向，按一定标高把煤层划分为若干个平行于走向的长条部分，每个长条部分具有独立的生产系统，称为一个阶段。井田的走向长度即为阶段的走向长度，阶段上部边界与下部边界的垂直距离称为阶段垂高，阶段的倾斜长度为阶段斜长，如图 1-17 所示。

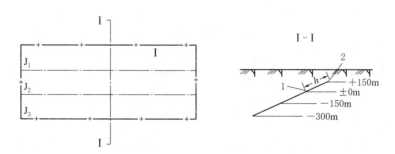

图 1-17 井田划分为阶段和水平
$J_1 \sim J_3$—第一～第三阶段；h—阶段斜长；
1—阶段运输大巷；2—阶段回风大巷

11

每个阶段都有独立的运输和通风系统。在阶段的下部边界开掘阶段运输大巷（兼作进风巷），在阶段上部边界开掘阶段回风大巷，为整个阶段服务。上一阶段采完后，该阶段的运输大巷作为下一阶段的回风大巷。

2）水平与开采水平。水平是指沿煤层走向某一标高布置运输大巷或总回风巷的水平面，通常用标高（m）来表示，如图 1-17 中的 ±0m、−150m、−300m 等。在矿井生产中，为了说明水平位置、顺序，相应地称为 ±0m 水平、−150m、−300m 等，或称为第一、二、三水平等。通常将设有井底车场、阶段运输大巷，并担负全阶段运输任务的水平，称为开采水平。

阶段与水平两者既有区别又有联系。其区别在于阶段表示井田范围中的一部分，强调的是煤层开采范围和资源储量；而水平是指布置在某一标高水平面上的巷道，强调的是巷道布置。两者的联系是利用水平上的巷道开采阶段内的煤炭资源。

根据煤层赋存条件和井田范围的大小，一个井田可用一个水平开采，也可用两个或两个以上的水平开采，前者称为单水平开拓，后者称为多水平开拓。

单水平开拓如图 1-18 所示，井田分为两个阶段。+900m 水平以上的阶段，煤炭由上向下运输到开采水平，称为上山阶段；+900m 水平以下的阶段，煤由下向上运输到开采水平，称为下山阶段。这个开采水平既为上山阶段服务，又为下山阶段服务，这种开拓方式称为单水平上下山开拓。单水平上下山开拓方式适用于开采倾角小于 16° 的煤层、倾斜长度不大的煤田。

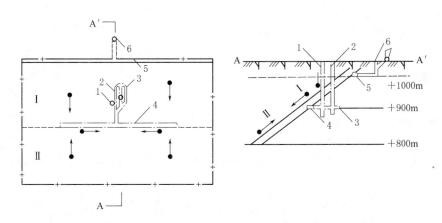

图 1-18　单水平上下山开拓

1—主井；2—副井；3—井底车场；4—阶段运输大巷；5—阶段回风大巷；6—回风井；

Ⅰ—上山阶段；Ⅱ—下山阶段；A-A′—剖面

多水平开拓可分为多水平上山开拓、多水平上下山开拓和多水平混合式开拓。

多水平上山开拓的每个水平只为一个上山阶段服务。每个阶段开采的煤炭向下运输到相应的水平，由各水平经主井提升至地面。这种开拓方式井巷工程量较大，一般用于开采急倾斜煤层的井田。

多水平上下山开拓的每个水平均为上、下山两个阶段服务。这种开拓方式比多水平上山开拓减少了开采水平数量及井巷工程量，但增加了下山开采，一般用于煤层倾角较小、倾斜长度较大的井田。

多水平混合式开拓是指在整个井田中，上部某几个水平开采上山阶段，而最下一个水平开采上、下山两个阶段。这种开拓方式既发挥了单一阶段布置方式的优点，又适当地减少了井巷工程量和运输量。当深部储量不多，单独设开采水平不合理，或最下一个阶段因地质情况复杂不能设置开采水平时，可采用这种开拓方式。

井田内水平和阶段的开采顺序，一般是先采上部水平和阶段，后采下部水平和阶段。

二、矿床开采方式

矿床因矿体的赋存和埋藏条件不同，而采用不同的开采方式。不同开采方式对围岩及其地下水的揭露和破坏不同。矿床的开采方式，大致可以分为两大类：露天开采和地下开采。

1. 露天开采

矿体埋藏较浅且厚度大时，可采用露天开采，其优点是施工简便、采掘能力大、效率高、成本低。露天开采时直接在地面开挖采矿工程，其总体称为露天采矿场，如图 1－19 所示。

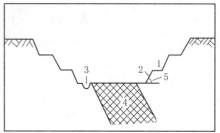

图 1－19 露天采矿场示意剖面图
1—台阶；2—台阶剖面；3—排水沟；
4—矿体；5—台阶面坡角

2. 地下开采

矿体埋藏较深时，多采用地下开采方式。为了从地下深处采出矿石，首先要将地表与矿体联系起来，并在地下形成必要的行人、运输、通风、排水和供电系统，因此就要在矿体及近矿围岩中开挖井筒（由地面进入地下的主通道）和各种用途的巷道及硐室。地下采矿井巷的种类很多，图 1－20 所示为地下开采矿山的主要井巷类型。

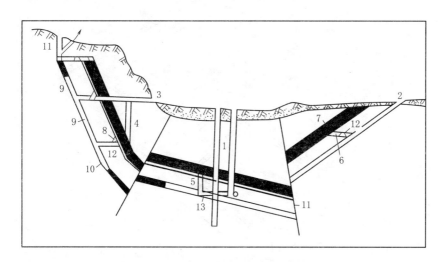

图 1－20 地下开采矿山井巷综合示意图
1—立井；2—斜井；3—平硐；4—暗立井；5—溜井；6—石门；7—煤（矿）门；8—煤（矿）仓；
9—上山道；10—下山道；11—风井；12—岩层平巷；13—煤（矿）层平巷

采煤方法是指采煤系统和采煤工艺的综合及其在时间、空间上的相互配合。不同采煤工艺与采区内相关巷道布置的组合，构成了不同的采煤方法。按采煤工艺、矿山压力控制特点等，将采煤方法分为壁式体系采煤法和柱式体系采煤法两大类。

（1）壁式体系采煤法。壁式体系采煤法一般以长壁工作面采煤为主要特征，是目前我国应用最普遍的一种采煤方法，其产量约占到国有重点煤矿产量的95％以上。

壁式体系采煤法的主要特点是：回采工作面长度较长；工作面两端有可供运输、通风和行人的巷道；回采工作面向前推进时，必须不断支护；采空区要随工作面推进按一定方法及时处理；回采工作面内煤的运输方向与工作面煤壁平行（图1-21）。

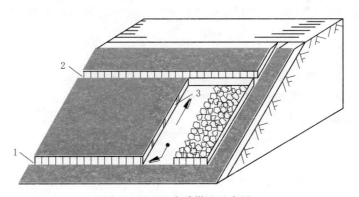

图1-21 壁式采煤法示意图

1、2—区段运输和回风平巷；3—采煤工作面

（2）柱式体系采煤法。柱式体系采煤法的实质是在煤层内开掘一系列宽5~7m的煤房，煤房间用联络巷相连，形成近似于长条形或块状的煤柱，煤柱宽度为数米至二十多米不等，采煤在煤房中进行（图1-22）。煤柱可根据条件留下不采，或在煤房采完后，再

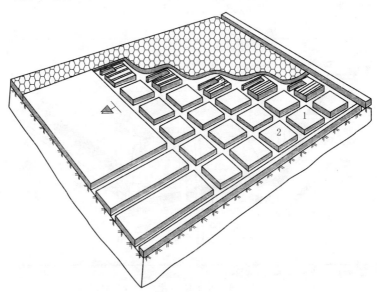

图1-22 柱式采煤法示意图

1、2—煤柱

将煤柱按要求尽可能采出。

三、地下采矿顶板控制方法

根据煤层赋存条件及顶板岩石性质，顶板控制方法有全部垮落法、全部充填法、煤柱支撑法等，其中以全部垮落法应用最广泛。

1. 全部垮落法

全部垮落法是指使采煤工作面采空区的直接顶板人为地有计划地垮落下来，以保持工作空间最小的悬顶面积，从而减轻顶板对工作面支架的压力、维护直接顶完整的岩层控制方法。同时，由于垮落岩块支撑采空区内裂缝带岩层，减弱了上覆岩层对采煤工作面空间的影响，如图1-23所示。

使用全部垮落法时，常沿工作面顶板切顶线架设特种支架。当拆除特种支架以外的支架后，悬空的直接顶板随即垮落。

2. 全部充填法

全部充填法是指用充填材料全部充填采空区的岩层控制方法，如图1-24所示。全部充填法按照向采空区输送材料的特点分为自重充填、机械充填、风力充填、水力充填等。目前我国除部分急倾斜煤层应用自重充填法外，其余均采用水力充填法。全部充填法适用于建筑物下、铁路下、水体下和承压水上的煤层开采。

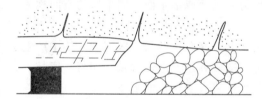

图1-23　全部垮落法

图1-24　全部充填法

3. 煤柱支撑法

煤柱支撑法是指在采煤工作面的采空区中，留适当宽度煤柱以支撑顶板的岩层控制方法，如图1-25所示。煤柱的宽度和间距，主要是根据顶板岩石性质和煤层硬度确定。在实际工作中，煤柱宽度一般为4～10m，间距为40～60m。煤柱支撑法适用于顶板岩层坚硬的煤层。

图1-25　煤柱支撑法

四、矿床开采步骤

开采矿床一般依次采用开拓、采准和回采三个步骤。

（1）开拓。开拓是采矿的第一步，根据设计从地面到矿体开掘一系列的开拓巷道，建立运输、通风、排水和供水等工程系统。在开拓期，主要开掘竖（斜）井筒、平硐、盲井、石门、阶段平巷、主溜井及井底车场等（图1-26）。其中，用于提升或运输矿石的称为主井或主平硐；用于提升人员、材料、废石或通风的称为副井；多数矿区还开掘有专用风井。

（2）采准。采准就是在已开拓的阶段或盘区中，进一步切割成采区或矿壁，为回采做

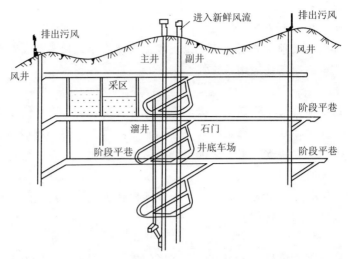

图 1-26 开拓系统示意图

准备工作；同时作为行人、运输和通风之用。

（3）回采。回采是从完成采准的采区或矿壁中大量采出矿石的生产过程，包括落矿、运出矿石和管理地压等多项作业。采矿工作面称为回采面或掌子面，回采后的空间称为采空区。

从开拓到回采，破坏了矿岩受力的自然平衡状态，在巷道及采空区周围岩体中产生了矿山压力，如处理不当，矿山压力和地下水压力可造成巷道变形、冒顶、塌落、底鼓、突水和突泥沙，还可导致淹没井巷、摧毁矿山设备和造成人身伤亡的事故。

第三节 开采沉陷基础知识

一、矿山沉陷的形成

由于地下采煤工作面的推进，当煤层被采出以后，采空区周围的原始应力平衡状态遭到破坏，应力重新分布，达到新的平衡。在此过程中，煤层周围岩层和地表产生移动、变形和破坏（开裂、垮落等），这种现象称为开采沉陷。

当煤层采出后，采空区围岩应力发生变化，采空区边界煤柱及其边界上、下方的岩层内应力增高，其应力大于采前的正常压力，使该区煤柱和岩层被压缩，有时被压碎，挤向采空区。而采空区的顶板岩层内应力降低，其应力小于采前的正常压力，使该区岩层产生回弹变形，顶板上部岩层由于受下部岩层移向采空区的作用，可能在顶板岩层内形成离层。

随着工作面向前推进，受到采动影响的上覆岩层范围不断扩大，采空区的直接顶在自重力及其上覆岩层作用下，产生向下的移动和弯曲。当其内部应力超过岩层的极限抗拉强度时，直接顶首先断裂、破碎，相继垮落，而基本顶岩层则以梁、悬臂梁弯曲的形式沿层理面法向方向移动、弯曲，进而产生断裂、离层。随着工作面继续推进，上覆岩层继续产生移动和破坏，这一过程和现象称为岩层移动。

二、岩层移动和破坏分带

煤层采出以后，煤层的顶板岩层破碎冒落充填采空区，在冒落的岩层上方岩层弯曲、断裂，再往上部直至地表的岩层产生弯曲。实测资料分析表明，上覆岩层移动稳定后，其移动、变形和破坏具有明显的分带性。采用壁式采煤法，开采深度和开采厚度的比值较大时，上覆岩层移动和破坏稳定后大致形成三个不同的开采影响带，即"上三带"：冒落带、裂隙带、弯曲带（图1-27）。

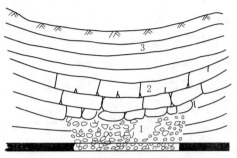

图1-27　岩层内部移动和破坏分带

1—冒落带；2—裂隙带；3—弯曲带

1. 冒落带

冒落带也称为垮落带，是指煤层开采引起上覆岩层破裂，岩层母体失去连续性，呈不规则岩块或似层状巨块向采空区冒落的那部分岩层。冒落带内岩层移动和破坏的特点如下：

（1）直接顶板岩层弯曲、断裂、破碎成块而垮落。冒落的岩块大小不一，无规则地堆积在采空区内。按岩块破坏和堆积状况，冒落带又分为不规则冒落带和规则冒落带两部分。不规则冒落带上首先冒落的岩块堆积紊乱，完全失去原有的层位；规则冒落带的岩石冒落下来后，平铺在不规则冒落带上方，冒落是有周期性的，冒落的岩块厚度基本上等于岩层厚度，因此基本上保持原有的层次。在冒落带内，从煤层往上岩层破碎程度逐步减轻。

（2）冒落的岩石有一定的碎胀性。岩石具有的碎胀性能使上覆岩层垮落自行停止。岩石的碎胀性取决于岩石强度，硬岩碎胀性较大，软岩碎胀性较小。冒落岩石间的空隙越大，岩石的碎胀性越大，因此冒落岩石的体积大于冒落原岩的体积。

（3）冒落的岩石有可压缩性（压密）。垮落岩块间的空隙随着时间的增加和工作面长度的加大，在上覆岩层压力作用下，在一定程度上可得到压实。一般是稳定时间越长，工作面开采范围越大，压实性越好。采空区内冒落岩石的压密过程，就是上覆岩层的移动过程。压实后的体积永远大于原岩的体积。

（4）冒落带的高度主要取决于采出煤层的厚度和直接顶板岩石的碎胀系数。一般是开采厚度越大，上覆岩层碎胀性越小，垮落带高度越大。冒落带的高度通常为采出煤层厚度的3～5倍，薄煤层开采时冒落带高度较小，一般为采出厚度的1.7倍。顶板岩石坚硬时，冒落带高度为采出厚度的5～6倍；顶板为软岩时，冒落带高度为采出厚度的2～4倍。

2. 裂隙带

裂隙带又称为裂缝带，位于冒落带之上，指在采空区上覆岩层中产生裂缝、离层及断裂，具有与采空区相通的导水裂隙，但连续性未受破坏仍保持层状结构的那一部分岩层。裂隙带内岩层移动和破坏的特点如下：

（1）裂隙带内的岩层不仅发生垂直于层理面的裂缝或断裂，而且还产生顺层理面的离层裂缝。裂隙带内的岩层一般情况下距采空区越远，破坏程度越轻。

（2）裂隙带内的岩层具有连通性，容易导水和积水。根据垂直层理面裂缝的大小及其连通性的好坏，裂隙带可分为严重断裂区、一般断裂区和微小断裂区三部分。严重断裂部分岩层大多断开，但仍保持其原有层位，裂缝、透水严重；一般断裂部分的岩层很少断开，透水程度一般；微小断裂部分的岩层裂缝连通性较差。

（3）裂隙带高度随着工作面推进距离的增加而增大，当工作面推进到一定距离时，裂隙带的高度达到最大，之后裂隙带高度基本上不再发展。岩石越坚硬，裂隙带高度越大。

在进行水体下采煤时，将冒落带和裂隙带两带称为导水裂缝带，两者均属于破坏性影响区。一般是上覆岩层距离采空区越近，破坏性越大。在采深较浅、采厚较大、采用全部垮落法管理顶板时，导水裂缝带可以发展到地表，地表和采空区连通，地表呈现塌陷坑或崩落。导水裂缝带的高度主要取决于采出煤层厚度和上覆岩层的岩性。依据大量的水体下采煤观测成果分析，覆岩为软弱的导水裂缝高度为采出厚度的 9～12 倍，中硬的高度为 12～18 倍，坚硬的高度为 16～28 倍。

不同类型煤层冒落带、导水裂缝带高度的计算见表 1-2 和表 1-3。

表 1-2 缓倾斜煤层冒落带、导水裂缝带高度计算公式

覆岩性质（单轴抗压强度/MPa）	冒落带高度 H_m /m	导水裂缝带高度 H_l/m	
		公式一	公式二
坚硬（40～80）	$H_m = \dfrac{100\sum M}{2.1\sum M + 16} \pm 2.5$	$H_l = \dfrac{100\sum M}{1.2\sum M + 2.0} \pm 8.9$	$H_l = 30\sqrt{\sum M} + 10$
中硬（20～40）	$H_m = \dfrac{100\sum M}{4.7\sum M + 19} \pm 2.2$	$H_l = \dfrac{100\sum M}{1.6\sum M + 3.6} \pm 5.6$	$H_l = 20\sqrt{\sum M} + 10$
软弱（10～20）	$H_m = \dfrac{100\sum M}{6.2\sum M + 32} \pm 1.5$	$H_l = \dfrac{100\sum M}{3.1\sum M + 5.0} \pm 4.0$	$H_l = 10\sqrt{\sum M} + 5$
极软弱（<10）	$H_m = \dfrac{100\sum M}{7.0\sum M + 63} \pm 1.2$	$H_l = \dfrac{100\sum M}{5.0\sum M + 8.0} \pm 3.0$	

注 H_m 为冒落带高度；H_l 为导水裂缝带；M 为煤层采厚。

表 1-3 急倾斜煤层冒落带、导水裂缝带高度计算公式

覆岩性质	冒落带高度 H_m/m	导水裂缝带高度 H_l/m
坚硬	$H_m = (0.4～0.5)H_l$	$H_l = \dfrac{100Mh}{4.1h + 133} \pm 8.4$
中硬、软弱	$H_m = (0.4～0.5)H_l$	$H_l = \dfrac{100Mh}{7.5h + 293} \pm 7.3$

注 h 为工作面小阶段垂高，其他同表 1-2。

3. 弯曲带

弯曲带又称为整体移动带，是指断裂带顶部直至地表的那部分岩层。弯曲带内岩层移动和破坏的特点如下：

（1）弯曲带内岩层移动过程连续且有规律，并保持整体性和层状结构。

（2）弯曲带内岩层在自重作用下沿层面法向弯曲，在水平方向处于双向受压缩状态。

（3）弯曲带内各部分岩层在竖直方向上的移动量相差很小，其上部不存在或极少存在离层裂缝。

（4）弯曲带一般情况下具有隔水性。特别是当岩性较软时，隔水性能更好，成为水下

开采时的良好保护层。

（5）弯曲带的高度主要受开采深度的影响，当采深较小时，导水裂缝带高度可直达地表，有时只有冒落带或只有冒落带和裂隙带；当采深较大时，弯曲带的高度可大大超过导水裂缝带的高度。

三带在水平或缓倾斜煤层开采时表现比较明显，由于地质采矿条件的不同，覆岩中的三带不一定同时存在。以上三带的存在取决于开采煤层的地质、采矿条件、上覆岩层的性质等因素。

三、地表移动盆地边界的划分及角值参数

1. 地表移动盆地边界的划分

由采煤引起的采空区上方地表移动的范围，通常称为地表移动盆地或地表塌陷盆地。一般按边界角或者下沉 10mm 点划定其范围。按照地表移动变形值的大小及其对地表建筑物的影响程度，将地表移动盆地分为三个边界。

（1）最外边界。最外边界是以地表移动变形为零的盆地边界点所圈定的边界，即地表移动的影响边界。在现场实测中，考虑到观测误差，一般取下沉 10mm 的点为边界点，即最外边界实际是以下沉 10mm 的点圈定的边界，如图 1-28 中的 $A_1D_1B_1C_1$。

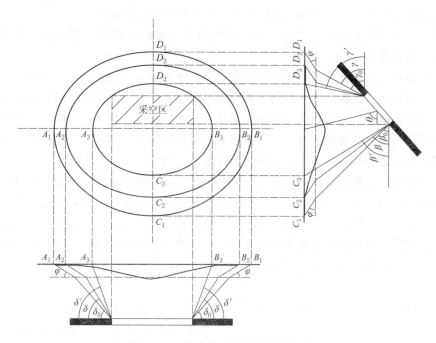

图 1-28 地表移动盆地边界的确定

（2）危险移动边界。危险移动边界是以临界变形值确定的边界，表示处于该边界范围内的建筑物会受到采动的明显损害，而位于边界外的建筑物不产生明显的损害，如图 1-28 中的 $A_2D_2B_2C_2$。应该指出的是，不同结构的建筑物能承受的最大变形能力不同，所以各种类型的建筑物都应有对应的临界变形值。在确定地表移动盆地危险移动边界时，应用相应建筑物的临界变形值圈定，会更接近实际。

（3）裂缝边界。裂缝边界是根据地表移动盆地内最外侧出现的裂缝圈定的边界，如图 1-28 中的 $A_3D_3B_3C_3$。

图 1-29 所示为急倾斜煤层开采后所形成的三个边界。在这个主断面上，A_1B_1 为最外边界，A_2B_2 为危险移动边界，A_3B_3 为裂缝边界。

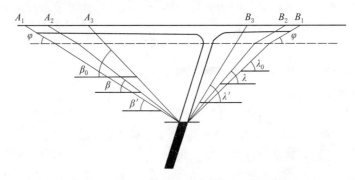

图 1-29　急倾斜煤层地表移动盆地边界的确定

2. 角值参数

通常用角值参数圈定地表移动盆地边界。常用的角值参数有边界角、移动角、裂缝角和松散层移动角（图 1-28）。其中，前三个角值分别对应地表移动盆地的最外边界、危险移动边界和裂缝边界。

（1）边界角。在充分或接近充分采动条件下，地表移动盆地主断面上的边界点和采空区边界点连线与水平线在煤壁一侧的夹角称为边界角。当有松散层存在时，应该先从盆地边界点用松散层移动角画线和基岩与松散层交界面相交，此交点和采空区边界点的连线与水平线在煤柱一侧的夹角即为边界角。按照主断面的不同，边界角可分为走向边界角、下山边界角、上山边界角、急倾斜煤层底板边界角，分别用 δ_0、β_0、γ_0、λ_0 表示。

（2）移动角。在充分采动或接近充分采动条件下，在地表移动盆地主断面上地表最外面的临界变形点和采空区边界点连线与水平线在煤壁一侧的夹角称为移动角。当有松散层存在时，应从最外边的临界变形值点用松散层移动角画线和基岩与松散层交接面相交，此交点和采空区边界点的连线与水平线在煤柱一侧的夹角即为移动角。按照主断面的不同，移动角可分为走向移动角、下山移动角、上山移动角、急倾斜煤层底板移动角，分别用 δ、β、γ、λ 表示。

（3）裂缝角。在充分采动或接近充分采动条件下，在地表移动盆地主断面上，地表最外侧的裂缝和采空区边界点连线与水平线在煤壁一侧的夹角。称为裂缝角按照主断面的不同，裂缝角可分为走向裂缝角、下山裂缝角、上山裂缝角、急倾斜煤层底板裂缝角，分别用 δ'、β'、γ'、λ' 表示。

（4）松散层移动角。如图 1-30 所示，用基岩移动角自采空区边界 A 画线和基岩松散层交界面相交于 B 点，B 点和地表下

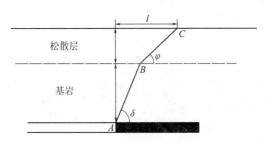

图 1-30　松散层移动角确定示意图

沉 10mm 处 C 点连线与水平线在煤柱一侧所夹的锐角即为松散层移动角，用 φ 表示。它不受煤层倾角影响，主要与松散层的特性有关，一般为 $40°\sim50°$。

四、影响矿山沉陷的主要因素

岩层与地表移动的规律取决于地质和采矿因素的综合影响。岩层与地表移动的主要影响因素有覆岩力学性质、岩层层位、松散层、煤层倾角、开采厚度、开采深度、采区尺寸、重复采动、采煤方法和顶板控制方法等。

1. 覆岩力学性质和岩层层位

（1）覆岩力学性质的影响。覆岩的力学性质对岩层和地表移动与破坏的影响很大，不同的覆岩力学性质，移动和破坏的程度和形式各不相同。

在覆岩坚硬的条件下，岩层及地表移动和破坏具有如下特征：

1）开采后顶板岩体不垮落形成悬顶，当达到一定开采面积后突然垮落，产生切冒型变形，地表则产生突然塌陷的非连续变形。

2）坚硬岩层破裂后碎胀系数大，充填部分采空区，而使岩层及地表下沉量减小，采空区边界形成的悬顶距大，从而使拐点偏移距增大。

3）在急倾斜煤层开采情况下，采空区顶底板不垮落，而采空区上方煤层本身垮落和下滑。煤层的这种垮落和下滑，可能在一定高度上停止，也可能发展到地表，在地表露头处形成塌陷坑。

4）地表变形量小，危险移动范围减小，从而使移动角增大。

5）由于坚硬岩层断裂，不易重新压实，在采空区边界形成较大的悬顶和空洞，以及形成较好的导水通道，从而使导水裂缝带高度增大。

（2）覆岩组成及层位的影响。岩层的层位是指岩层之间的组合关系。覆岩组成及层位对地表移动量、移动规律有较大影响，主要表现如下：

1）直接顶坚硬、基本顶软弱地表的下沉量小于直接顶软弱、基本顶坚硬地表的下沉量。

2）流沙层距采空区近的比流沙层距采空区远的地表下沉量大。

3）地表有软弱覆盖层比无软弱覆盖层时，移动更平缓、均匀，连续性更好。

如果有很厚的软岩层覆盖于硬岩层之上，则硬岩层所产生的断裂及破坏将被软岩层所掩盖和缓冲，软岩层像缓冲垫一样，使基岩的不均匀移动得到缓和。如基岩上部有较厚的松散层，便会使地表呈平缓移动；如基岩直接出露地表，地表的破坏和变形则比较剧烈且不均匀，而基岩的不均匀移动将沿着裂隙和滑动面直接扩展到风化带。

2. 松散层和煤层倾角

（1）松散层的影响。当基岩为水平或近似水平时，松散层移动形式和基岩移动形式基本一致，两者都呈垂直弯曲的形式，移动向量都指向采空区中心，水平移动呈对称分布。

当岩层倾斜时，水平移动指向上山方向量增大，基岩沿法向弯曲。由于摩擦力的作用，基岩移动带动松散层产生指向上山方向的水平移动。这种移动在松散层中由下往上逐渐衰减。

当松散层很厚时，基岩移动产生的水平移动在松散层内传递时衰减而达不到地表，这时地表就只有由松散层垂直弯曲引起的水平移动。

（2）煤层倾角的影响。由于倾角的增加，地表移动的盆地中心位置在改变，地表移动盆地的对称性在改变，地表移动和变形的分布也有所改变。

如图1-31所示，在水平及缓倾斜煤层开采条件下，岩层移动形式主要为沿岩层的法向弯曲和崩落。冒落带、导水裂缝带最终呈马鞍形，地表下沉盆地是以采空区中心为对称的椭圆形区域；如图1-32所示，在倾斜煤层开采条件下，岩层移动的形式除有法向弯曲外，还伴随有沿层面的剪切移动和岩石下滑，覆岩破坏部分呈抛物线形态，地表下沉盆地为偏向下山方向的非对称椭圆；如图1-33所示，在急倾斜煤层开采条件下，垮落到采空区内的煤和岩块会成堆地沿煤层倾斜方向滑动，冒落带、导水裂缝带呈椭圆形，地表下沉盆地的非对称性增大；如图1-34所示，在近直立煤层开采条件下，底板岩层会产生滑移，底板一侧的地表也会出现许多的裂缝或形成台阶状盆地，地表下沉盆地又成为对称的椭圆。

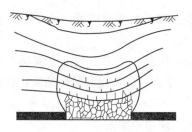

图1-31 水平及缓倾斜煤层覆岩破坏形态

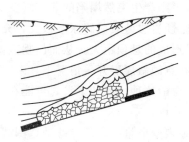

图1-32 倾斜煤层覆岩破坏形态

图1-33 急倾斜煤层覆岩破坏形态

图1-34 近直立煤层覆岩破坏形态

3. 开采厚度和开采深度

（1）开采厚度的影响。开采厚度是影响覆岩及地表移动破坏的主要因素。开采厚度决定了地表移动和变形最大值。开采厚度越大，冒落带、导水裂缝带高度越大，地表移动和变形值也越大，地表出现裂缝更加明显，移动过程表现得更加剧烈，岩层及地表移动和变形值与开采厚度成正比。

（2）开采深度的影响。随着开采深度的增加，地表各种移动变形值减小，地表移动范围扩大，地表移动速度减小，移动盆地更平缓。各种变形值与开采深度成反比。

开采深度还对地表移动持续时间有影响。开采深度小时，地表下沉速度大，移动持续时间短；开采深度较大时，地表下沉速度小，移动比较缓慢、均匀，而移动持续时间则较长。

地表移动和变形值既与开采厚度成正比，又与开采深度成反比，所以常用深厚比（H/M）作为衡量开采条件对地表沉陷影响的估计指标。深厚比越大，地表移动和变形值越小，移动和变形就越平缓；深厚比越小，地表移动和变形就越剧烈。在深厚比很小的情况下，地表将出现大量裂缝、台阶，甚至出现塌陷坑。

大量实地观测资料表明，深厚比是估测地表移动和变形是否连续的主要影响因素，当$H/M<30$时，地表移动和变形是非连续的，地表出现塌陷坑；当$H/M>30$时，地表移动和变形是连续的，地表出现移动盆地。深厚比越大，地表移动速度越小。

4. 采区尺寸和重复采动

（1）采区尺寸的影响。采空区尺寸大小决定采动程度，当采空区沿走向和沿倾斜方向都达到充分采动宽度时，地表出现该地质采矿条件的移动和变形最大值。因此在未达到充分采动宽度以前，随着采空区尺寸的增加，地表移动和变形的最大值在增加，相应的地表移动速度也在增加。因此在非充分采动条件下，采空区尺寸决定了地表移动和变形最大值的大小。

（2）重复采动的影响。重复采动是指岩层和地表已经受过一次开采的影响而产生移动、变形和破坏之后，再一次经受开采（开采下分层、下部煤层或临近工作面）的影响而又一次受到采动。重复采动的几种情况如图 1-35 所示。

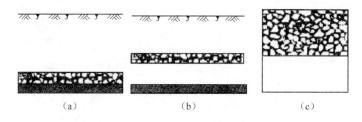

（a）　　　　　　　　　（b）　　　　　　　　　（c）

图 1-35　重复采动的几种情况

（a）不同煤层的重复采动；（b）厚煤层分层开采的重复采动；（c）同一煤层的重复采动

重复采动时地表移动的特点、地表移动和变形分布及其参数值与初次采动时相比都有显著变化，即移动过程剧烈，地表下沉值增大，地表移动速度加大，地表下沉系数加大，地表移动的总时间减小等。这种变化称为重复采动时岩层与地表移动过程的加剧。重复采动对岩层和地表的影响有如下两个方面：

1）地表移动和变形值增大。在同样的地质采矿条件下，如果是初次开采，引起的岩层和地表移动值相对来说比较小；如果是第二次、第三次或更多次地开采，引起的移动和变形值相对来说就比较大。地表最大下沉值小于开采厚度的原因是采动破裂岩体的碎胀。当岩体受到初次采动后，产生了破裂碎胀，充填采空区，使地表移动量减小。重复采动时，已破裂碎胀的那部分岩体产生的碎胀量小，同时在初次采动时破裂岩体内存在的空隙闭合，使得地表移动量增大。

2）非连续的破坏增加。在重复采动时，经受初次开采破坏的岩体可能进一步破碎，使岩层和地表的破坏程度加剧，破坏范围力加大，采动不大时地表还会出现裂缝，使地表产生不连续的破坏，甚至出现大断裂或台阶。

5. 采煤方法和顶板控制方法的影响

采煤方法实际上决定了覆岩及地表移动的形式、先后顺序和方向。顶板控制方法决定了采出空间的大小，从而决定了覆岩及地表的破坏程度、移动量大小。

采用壁式采煤法时，覆岩属均衡破坏，地表为连续的、大面积的均匀下沉，移动具有较强的规律；采用柱式采煤法时，容易造成覆岩不均衡破坏，在地表形成塌陷坑和塌陷漏斗，对地面环境造成大的危害。采用全部垮落法时，覆岩及地表移动最剧烈，破坏最严重，地表移动和变形大，移动盆地的范围也加大。用充填法控制顶板，对覆岩破坏相对较小，一般不引起覆岩垮落性破坏，能够减小移动量，并使地表变形更加均匀。采用煤柱支撑法时，控制覆岩移动破坏的情况与煤柱尺寸、顶底板岩性、煤层性质、开采深度、倾角等有关，当留设的煤柱尺寸足够大、顶底板岩性较好、煤层较硬时，可支撑顶板，不会使覆岩发生破坏；当留设的煤柱尺寸不够大，不能支撑上覆岩层，或顶底板岩性不好和煤层较软时，覆岩易发生破坏，此时其移动破坏与全部垮落法相同，但破坏范围和移动量小一些。

第二章 矿床充水条件与矿床水文地质类型

第一节 矿床充水条件分析

一、矿床充水条件的含义

矿体尤其是围岩中赋存有地下水的现象称为矿床充水，充水的水量大小称为充水强度，以 m^3/d 表示。矿山井巷在开采过程中会有水涌入，这是因为各种水源会通过各种通道进入井巷（图 2-1），其涌入水量的大小主要受矿床赋存与开采的具体条件控制。因此，充水水源与通道是形成矿井涌水的必备条件，加上影响充水强度的诸因素，三者的综合作用称为矿床充水条件。

矿床充水条件分析贯穿矿床勘探与开采的全过程。勘探阶段，主要根据矿床所处的自然环境及矿区水文地质条件，初步预测采后主要充水水源和通道，为矿井涌水量的预测提供依据；开采阶段，充水条件分析更具体，可结合具体开采条件解决矿井充水水源和涌水通道问题，为所采取的防治矿井充水措施提供依据。

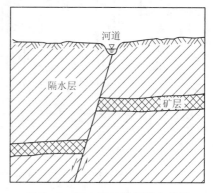

图 2-1 河水通过断层进入矿层

二、矿床充水水源

能进入矿床或井巷的水是充水（或涌水）水源，它们有大气降水、地表水、地下水和老空水等。

1. 大气降水

这里主要指直接受大气降水渗入补给的矿床，多产于包气带中，埋藏较浅，充水层裸露，位于分水岭地段的矿床或露天矿区。其充（涌）水特征与降水、地形、岩性和构造等条件有关。

（1）矿井涌水动态与当地降水动态相一致，具有明显的季节性和多年周期性的变化规律，如图 2-2 所示。一年中的涌水最大值在融雪期和雨季，最小值在旱季。分析此类矿井多年涌水动态曲线，可看出矿井最大涌水量出现在丰水年，干旱年为最小，突水事故则多发生在丰水年的丰水期。在我国东部和南方地区，此类矿床涌水量比北方和西部地区更大。

（2）多数矿床随开采深度增加矿井涌水量逐渐减少，其涌水高峰值出现的时间加长。如四川芙蓉煤矿，大气降水为其主要充水水源，中平硐（+515.75m）约在降水当天就达涌水高峰，矿井涌水动态变化比为 1：19；下平硐（+441m）降水 35 天后才达涌水高峰，动态变化比为 1：13.6。

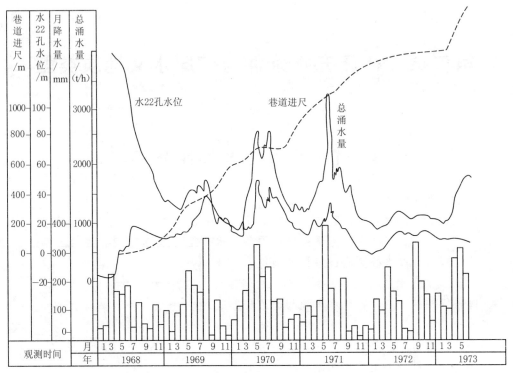

图 2-2 降水量与井下涌水量的关系

（3）矿井涌水量的大小还与降水性质、强度、连续时间及入渗条件有密切关系。通常，长时间连续降中雨对入渗有利。汇水条件好、充水层裸露、地表渗透性大的矿区矿井涌水量大，反之则小。

在进行矿床水文地质调查时，要对矿井涌水与降水的动态、降水特征和入渗条件等做全面研究，寻找其规律性，以指导采矿工作。

2. 以地表水为主要充水水源的矿床

这类矿床赋存在山区河谷和平原区河流、湖泊及海洋等地表水体附近或其下面。根据地表水进入井巷的方式和强弱，可分为四种情况：①地表水不补给：矿体顶部有较厚的可靠隔水层，矿体与地表水之间无水力联系；②地表水微弱补给：矿体顶部有弱隔水层，少量地表水可通过它补给井巷；③地表水渗入式补给：疏干漏斗以地表水为界，地表水通过渗透通道能较多地进入井下；④地表水灌入式补给：疏干漏斗以地表水为界，地表水通过强导水通道溃入井巷，造成灾害性突水。地表水充水矿床的涌水规律有以下几点：

（1）矿井涌水动态随地表水的丰枯做季节性变化，且其涌水强度与地表水的类型、性质和规模有关。受季节流量变化大的河流补给的矿床，其涌水强度亦呈季节性周期变化。有常年性大水体补给时，可造成定水头补给，产生稳定的大量涌水，并难于疏干。有汇水面积大的地表水补给时，涌水量大且衰减过程长。

（2）矿井涌水强度还与井巷到地表水体间的距离、岩性和构造条件有关。一般情况下，其间距越小，则涌水强度越大。其间岩层的渗透性越强，涌水强度越大。当其间分布有厚度大且完整的隔水层时，则涌水甚微，甚至无影响。其间地层受构造破坏越严重，井巷涌水强度亦越大。

（3）受采矿方法的影响。依据矿床水文地质条件选用正确的采矿方法，开采近地表水体的矿床，其涌水强度虽会增加，但不会过于影响生产；如选用的方法不当，可造成崩落裂隙与地表水体相通或形成塌陷，发生突水和泥沙冲溃。

在有地表水体分布的地区，由于煤矿井下防隔水煤（岩）柱留设不当，当井下采掘工程发生冒顶或沿断层带坍裂导水时，地表水将大量、迅速灌入井下而发生事故。当突遇山洪暴发、洪水泛滥时，某些早已隐没不留痕迹的古井筒、隐蔽的岩溶漏斗、浅部采空塌陷裂缝等，由于洪水的侵蚀渗流就会突然陷落，造成地面洪水大量倒灌井下，从而造成水害事故。1977 年 6 月 9 日大暴雨，泗顶河水沿河床塌陷溃入，泗顶矿 280 截水坑道排水量达 1442m³/min，淹井。1993 年 8 月 5 日，山东省临沂市罗庄朱陈公司龙山煤矿，由于地面大面积突降暴雨，地面洪水通过古井倒灌井下，造成 59 名矿工遇难。2005 年 8 月 19 日，吉林省舒兰矿务局五井，由于地面突降暴雨，造成矿区地面水体（连河泡积水体）水位上涨，淹没废弃矿井回填土标高，在水体浸泡和压力作用下导通废弃立井采空区和五井的采空区、巷道，地面积水溃入井下，造成 16 人死亡。

3. 以地下水为主要充水水源的矿床

能造成井巷涌水的含水层称为矿床充水层。有些含水层，虽接近矿井，但在天然和开采时其中水皆不能进入井巷，则不属于矿床充水层。可是当采矿破坏了它的隔水条件时，亦可转化为充水层。当地下水成为主要涌水水源时，有如下规律：

（1）矿井涌水强度与充水层的空隙性及其富水程度有关。一般地，裂隙水的充水强度小，孔隙水中等，岩溶水最大；井巷位于富水地段者涌水量大，处于弱含水地段者涌水量小；矿体和围岩含饱水流沙时，可造成流沙冲溃。

（2）矿井涌水强度与充水层厚度和分布面积有关。充水层巨厚、分布面积大者，矿井涌水量亦大；反之则小。

（3）矿井涌水强度及其变化还与充水层水量组成有关。当涌水以储存量为主时，揭露初期涌水量大、易突水，后逐渐减少，多易疏干；当涌水以补给量为主时，则涌水量由小到大，后趋于相对稳定，多不易疏干。

4. 以老空水为主要充水水源的矿床

在我国许多老矿区的浅部，老采空区（包括被淹没井巷）星罗棋布，且其中充满大量积水。它们大多积水范围不明，连通复杂，水量大，酸性强，水压高。如现生产井巷接近或崩落带达到它们，便会造成突水，如图 2-3 所示。第一煤层上部为小窑采空，并被水淹没，新建矿井是开采第二煤层及深部的第一煤层，当开采第一煤层巷道接近采空区时，就可能造成老空水涌入矿井

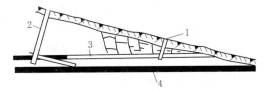

图 2-3 老窑采空水对矿井充水影响示意图
1—老窑；2—新井；3—第一煤层采空区；4—第二煤层

的事故。如淄博煤田，1965 年查清有老空 2200 多个。其中，黑山井田的面积仅 11km²，就有老空 360 多个，积水量达 580 万 m³ 以上。老空水的分布深度大多在 100m 上下，个别点可达 200m，被淹井巷则更深。老空年代越老，则其存水的酸度越强，对矿山设备危害越

大；老空水突水时，水量大，来势猛，破坏性大，但突水量会急剧减少。1985 年 10 月 25 日，山西晋城煤矿，巷道炸通一个积水老煤窑，瞬间有几万立方米的水倾泻到生产巷道之中。2010 年 3 月 28 日 14 时 30 分左右，中煤集团一建公司 63 处碟子沟项目部施工的华晋公司王家岭矿（在山西省临汾市乡宁县境内）北翼盘区 101 回风顺槽发生透水事故，初步判断为小窑老空水，事故造成 153 人被困，经全力抢险，115 人获救，另有 38 名矿工遇难。

必须指出的是，某个矿井突（涌）水，多是以某种水源为主、多种水源综合补给造成的。调查中，不仅要找出主要水源，还要分析采前（自然）水源和采后（人为）水源，以便于提出准确的防治水措施。

三、矿井涌水通道

矿体及其周围虽有水存在，但只有通过某种通道，它们才能进入井巷形成涌水或突水。把水源进入矿井的途径称为涌水通道。涌水通道有自然形成的和人为造成的两类。

1. 自然形成的通道

当开挖井巷直接揭露充水层或与充水层有水力联系的某种通道时，地下水源则会源源不断地涌入井巷。这可说明两个情况：一是此充水层起蓄水体作用；二是充水介质起输水通道作用。因此，地层的裂隙和岩溶空间，甚至孔隙，在某些条件下都可成为矿井涌水通道。

（1）地层的裂隙与断裂带。坚硬岩层中的矿床，其中节理型裂隙较发育部位，彼此连通时可构成裂隙涌水通道。裂隙含水层，因裂隙发育不均一而含水不均匀，多为弱含水层，其透水性弱，矿井涌水量较小，在国内外采矿史上，由中小型断裂带形成的导水通道造成突水者最为多见。如日本宇部煤矿，在 80 次突水中，由断层引起的就有 61 次，占 76.25%，我国也不乏其例。依据勘探及开采资料，把断裂带分为两类，即隔水断裂带和透水断裂带。

1）隔水断裂带。自然状态下断裂本身不含水，又隔断了断层两侧含水层间水平水力联系。它多分布在较软的黏塑性岩层中，因断层构造岩或充填物被压密或胶结所致。井巷通过时多处于干燥状态，对分区疏干和防治水有利。在垂直方向上，可为阻水的，也可为导水的，即可在其一侧或两侧破碎带中发生上下含水层间的水力联系，成为涌水通道。矿床开采后，这类断裂有可能转变成水平透水或垂直导水的断裂带。

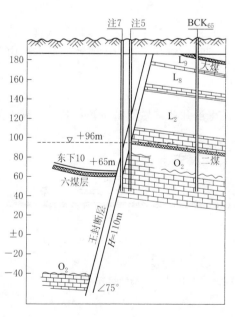

图 2-4 王封矿民有井突水示意图

2）透水断裂带。开采前断裂面间及两侧破碎带汇水并充满水，既可产生水平的又可产生垂直的水力联系。这类通道如与其他水源相连通，则可造成稳定的涌（突）水。如焦作矿区王封矿民有井的王封断层，上盘的开采煤层与下盘的奥陶系灰岩（简称奥灰）对接，也未留煤柱而发生奥灰突水，如图 2-4 所示。若断裂带与其他水源无联系，则为孤立的含水带，涌水时，虽水压高，但涌水量一般不大，易于疏干。在一般情况下，较大规模的断裂带，都是透水与隔水、阻水与导水段相间出现，水文地质条件复杂得多，故调查时应深入分段研究。

（2）岩溶通道。岩溶空间极不均一，可以从细小的溶孔直到巨大的溶洞。它们可彼此连通，成为沟通各种水源的通道，也可形成孤立的充水管道。我国许多金属与非金属矿区，都深受其害，想要认识这种通道，关键在于能否确切地掌握矿区的岩溶发育规律和岩溶水的特征。

1）大、中、小型岩溶通道。由小型岩溶及溶隙形成的涌水通道，虽可增加矿井涌水量，但水量较小；由大、中型岩溶（溶洞及管道）及溶蚀断裂带形成的涌水通道，矿井涌水量将大增，更易造成突水灾害。

岩溶发育的规律是随着深度的变化而变化的。例如湖南煤炭坝煤矿，煤层底板为茅口灰岩，岩溶承压水为该矿井充水的主要来源。矿井在 $-22m$ 水平开拓了 1080m 长的巷道，共遇突水点 210 个，总涌水最大达 $544m^3/min$。该矿另一口井 $-130m$ 水平大巷中，一个突水点的涌水量就达 $157m^3/min$，造成淹井。但同一井口 $-150m$ 以下涌水量又逐渐减少，这说明不同深度岩溶的发育程度不同，对涌水量的影响也不同，如图 2-5 所示。

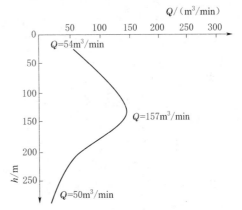

图 2-5　不同深度岩溶的发育程度与涌水量大小关系

岩溶多分布于含水层的浅部及顶部，随深度增加而逐渐减弱。一般在岩溶风化面层位的巷道突水点最多，水量也大。突水点常向地下水补给源移动，矿井总涌水量随主要巷道的增长和开拓面积的增大而有规律地增大。

2）导水陷落柱通道。它是形成于碳酸盐岩地层中的垂直柱状塌落体，高度可达几百米。太原西山矿的 5 个井田，揭露出 1020 个陷落柱。多数陷落柱不导水；一些陷落柱，或因塌落物疏松，或因充填物受到破坏，则会成为含水、导水体。有的可沟通矿床顶底板含水层成为矿井涌水通道，其突水时，水量大，来势猛，易成灾害；但与其他水源无联系时，则很快干涸。陷落柱突水水害发生的一般条件及特征见表 2-1。1984 年 6 月 2 日，开滦煤矿范各庄矿，在井深 400m、标高 $-310m$ 的 2171 工作面上遇到一个高约 280m、直径约 60m 的巨大陷落柱，造成下部高压奥陶系岩溶水的特大突水，突水量为 $916m^3/min$，最大达 $2053m^3/min$，21h 后淹井，很快淹没了相邻的地区（吕家坨），影响范围超过 20km，产生地面塌陷 17 处，为国内外采矿史上所罕见。

表 2-1　　　　陷落柱突水水害发生的一般条件及特征

陷落柱突水水害发生的一般条件	陷落柱突水水害特征
陷落柱必须是导水的，构成与奥灰直接相通的含水网络；导水陷落柱必须沟通富水性很强的含水层，因为迄今重大陷落柱水害的水源均为奥灰水	导水陷落柱已将含水层水导至采掘工作面附近，甚至高于煤层位置，所以当工作面揭露或接近以及探水孔揭露或接近时，不采取安全措施，突水是不可避免的

通常认为，陷落柱是由奥陶系灰岩溶洞塌陷所形成的。近期研究认为，陷落柱是石膏岩溶的产物，即在地下深处灰岩中赋存的硬石膏，水化成石膏，体积膨胀，向上挤入石炭二叠纪地层；石膏被水溶解后，周围岩石塌落、充填，形成陷落柱。对湖南北型煤矿区陷落柱的研究认为，古剥蚀面、断层切割、岩溶发育、地下水位变动和地壳升降都可促使陷落柱发展，而在各向水力联系属中等且富水性较弱的环境中易形成陷落柱。预防突水，主要采取注浆加固、堵水、留保安矿柱及切断导水路径等措施。

3) 岩溶塌陷及"天窗"通道。在有一定厚度松散层覆盖的岩溶矿区，因疏干、突水或涌沙可产生地表塌陷。这些塌陷可成为岩溶水、孔隙水和地表水涌入井巷的通道。其涌水特征是：下部岩溶越发育、塌陷越严重、通道越通畅，涌水与涌沙量越多。当岩溶含水层的隔水顶板有透水天窗时，不仅该部位易产生地表塌陷，天窗本身即可成为沟通上部水源涌入井巷的通道。

(3) 孔隙通道。孔隙通道主要是指松散层粒间的孔隙输水。它可在开采砂矿床和开采上覆松散层的深部基岩矿床时遇到。前者多为均匀涌水，仅在大颗粒地段和有丰富水源的矿区才可导致突水；后者多在建井时期造成危害。此类通道可输送本含水层水入井巷，也可成为沟通地表水的通道。

2. 人为造成的涌水通道

(1) 顶板冒落裂隙通道。采用崩落法采矿造成的透水裂隙，如抵达上覆水源时，则可导致该水源涌入井巷，造成突水。如接近矿床顶板含水，则要进行顶板管理，不允许崩落后裂隙抵达强含水层，且应先开采弱含水地段；间接顶板含水的矿床，则应充分利用隔水顶板的抗水性能，减少矿井涌水量。上覆地表水或老空水和接受降水补给的矿床，要控制其裂隙不抵达地表水或老空水和风化带。如采用全部垮落法管理顶板条件下，只要达到一定深度，覆岩破坏和移动自下而上会出现冒落带、裂隙带、弯曲带（简称"上三带"），覆岩破坏。"上三带"与矿井充水关系如图2-6所示。

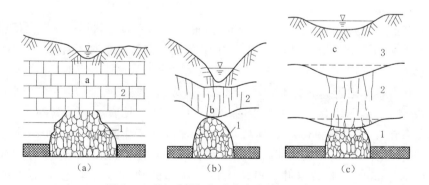

图2-6　"上三带"与矿井充水关系示意图

(a) 冒落带直接与灰岩含水层接触；(b) 裂隙带波及地表水体；(c) 弯曲带的隔水作用

1—冒落带；2—裂隙带；3—弯曲带；

a—灰岩含水层；b—导水裂隙；c—隔水保护层

(2) 底板突破通道。当巷道底板下有间接充水层时，便会在地下水压力和矿山压力作用下，破坏底板隔水层，形成人工裂隙通道，导致下部高压地下水涌入井巷造成突水。如焦作演马庄煤矿，自 1958 年建井到 1979 年，大于 $1m^3/min$ 的突水有 28 次。其中，底板突水 26 次，直接充水层为上石炭统薄层灰岩，间接补给水源则为奥陶系岩溶水。

在其他条件相同时，底板承受压力越高（随开采深度增加，底板承受的压力会越来越高）或底板隔水层越薄，受到的破坏越严重，突水的机会也越多；突水通道将越通畅，突水量将越大。峰峰一矿 1532 工作面采野青煤，因断层使底板与隔水层垂距仅 0.7m，留煤柱 26m，难抵 2.26MPa 的水头压力，于 1960 年 6 月 4 日发生奥陶系岩溶水突水，最大（计算）水量达 $150m^3/min$。

（3）钻孔通道。在各种勘探钻孔施工时均可沟通矿床上、下各含水层或地表水。如勘探结束后封闭不良或未封闭，开采中揭露它们就会造成突水事故。钻孔出水以其接近旧钻孔、地层无破坏、虽有大小压而无大水量等特征，易与其他突水相区别。当它与其他水源沟通时，亦可造成来水猛、压力大的突水事故。峰峰王凤矿大煤二大巷因遇旧钻孔，突水量达 $3600m^3/h$；平顶山煤矿在 1967 年、1974 年和 1975 年都在开采中遇旧钻孔突水，水量分别为 $160m^3/h$、$420m^3/h$ 和 $140m^3/h$。再如华东某矿第七、第八、第九、第十等 4 个煤层，四灰岩层是八煤层的直接顶板，石灰岩平均厚度超过 4m，裂隙发育，透水性强，该矿自 1960 年 10 月作南石门打通四灰岩以后，井下涌水量突然增大，虽然采取了超前钻探放水、开凿疏干巷道等措施，但全矿总涌水量仍达 $855m^3/h$，其中四灰岩水量达 $788m^3/h$，占全矿总涌水量的 92%，排水五年多，水仍不能疏干。经分析，认为与旧钻孔有关，为此启封了水 28 号钻孔，井下涌水量立刻减少至 $309m^3/h$，接着又启封了水 16 号孔，井下涌水量又减少到 $86m^3/h$。这样前后启封 18 个旧钻孔之后，全矿涌水量减少 84% 左右。事实证明，四灰岩水的补给，主要是由封孔质量不好的旧钻孔沟通煤层底板引起的，如图 2-7 所示。因此，钻孔用后应按要求封闭；开采中靠近可疑钻孔时，应进行探放水，以免突水。

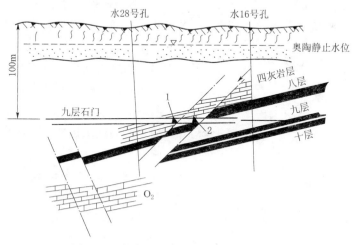

图 2-7　华东某矿贯穿石门涌水点示意图
1、2—突水点

此外，据报道，在玄武岩中发现有同生或次生洞穴，在某些煤矿发现有煤层燃烧空洞，它们皆充满水，既是矿井涌水水源，又可成为沟通其他水源的通道。前者如张北煤田的中新统玄武岩，斜井通过它时发现有四层次生洞穴，井筒揭露时涌水 $884m^3/h$，井筒施工 3 年造成 32 次淹井事故；后者可在大同、新疆等地煤矿中见到。

实际上，多数矿井涌、突水时都不是单一通道，而是在某矿段内以某种通道为主，在另一个矿段则其他通道起主要作用。这就要求对具体矿山做具体分析，区别对待。

四、影响矿床涌水强度的其他因素

水源与通道构成了矿床充水的基本条件，其他各种因素也会通过对水源和通道的作用来影响矿井涌水量的大小，称为涌水强度影响因素。如阻隔各种水源进入矿井的自然因素；扩大天然通道，产生新通道的采矿因素等。涌水强度的主要影响因素包括如下几类。

1. 矿床的边界条件

矿床与充水层的边界条件对未来矿井涌水量大小起主要的控制作用，要求在调查阶段予以查明。

（1）矿床的侧向边界。当矿床和直接充水含水系统之间有强透水边界时，开采时外系统地下水或地表水会迅速且大量地流入矿井。供水充足的边界越长，则涌水量越多、越稳定。如矿体或直接充水层被隔水边界所封闭，则矿井涌水量较小或由大变小，甚至干涸。如因开采导致原非充水层或新水源进入矿井时，则将形成新的充水系统，矿井涌水量将增大，原边界将转变成新的边界条件。

如图 2-8 所示对邯邢杨二庄铁矿进行首次勘探时，岩溶地下水系统的边界条件未予查明，抽水试验仅降低水位 1.695m，单位涌水量为 125.5m³/(h·m)，渗透系数为 100m/d。按无限边界预计，-100m 水平涌水量为 16 万 m³/d，认为是开放型的大水矿区，报告未获批准。第二次勘探，加强了边界研究，查明矿区东为鼓山隔水断层，西为隔水岩体，南为基本隔水的南铭河断层。北面虽受到地下水的补给，但充水层深埋且被岩体频繁穿插，为弱透水边界。矿区形成了一个半封闭槽型地下水系统。做了历时 13 天三次降深的大型抽水试验，水位降低 6.8～8.5m，总抽水量达 38.2 万 m³。停抽 9 天后，地下水位尚差 5.1～5.3m 未恢复。揭示该区是一个充水层导水性强、以消耗储存量为主、但补给不足的矿区。预测-100m 水平涌水量为 5 万 m³/d，为第一次预测的 31%。矿区北部午汲水源地数十年的供水实践也证实了这点。

（2）矿床顶、底部边界。矿床及其

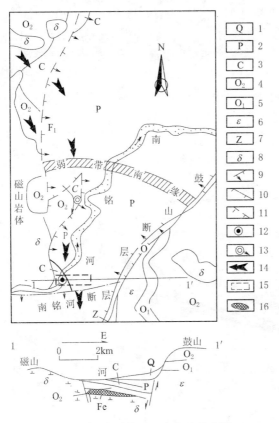

图 2-8　杨二庄矿区水文地质略图

1—第四系；2—二叠系；3—石炭系；4—中奥陶统；5—下奥陶统；6—寒武系；7—震旦系；8—燕山期闪长岩；9—隔水正断层；10—基本隔水正断层；11—透水正断层；12—专门抽水试验孔组；13—供水孔组；14—地下水天然流向；15—矿床范围；16—矿体

顶、底部的隔、透水条件，对矿井涌水强度亦起控制作用。因此，如能保持它们的隔水性能或减弱其渗透强度，即可达到保持或减弱矿井涌水量的目的。顶底剖面边界有四种情况：①直接顶底板均是可靠隔水层，基本无外部水补给；②底板隔水，矿体与直接充水层只能获得较强或弱的大气降水或地表水补给；③顶板隔水，仅通过弱透水底板产生越流或直接获得强补给；④顶板及底板皆由强或弱透水层构成。如隔水层的岩性致密，则隔水能力强，如其厚度大而稳定且完整性好，矿井的涌水量及其变幅皆较小；在其变薄、缺失或破碎等抗张强度降低的地段上，涌水量则会增加。据统计，在淄博各矿井的 144 次底板突水事故中，有 113 次发生在底板破坏、抗张强度降低的断层附近，占总数的 78.47%。

2. 地质构造条件

地质构造的类型、规模和分布，对矿井总涌水量的形成起制约作用。如矿床位于褶皱或断裂构造中，则其对矿床与充水层的空间分布、地下水的补径排条件会有较大的影响，充水强度也必然受影响。处在同一类型构造中的矿床，随构造规模及矿井所处构造部位的不同，矿井涌水量大小亦各不相同，如断层构造不同部位对矿井涌水量的影响程度有如下规律：

（1）任一断层面形成时，其不同部位受力是不均衡的，因此造成同一断层不同部位破碎程度的不均衡性。一般而言，断层端点部位及其两侧的岩层裂隙发育，为地下水的运动及埋藏创造了良好的条件。

（2）一个构造体系的主干断裂与分支断裂的交叉处，因为应力比较集中，岩石比较破碎，充填和胶结程度差，故突水性较强，导水性也好。当采掘工作接近上述地段时，经常发生突水事故。例如焦作煤矿区的一些矿井，在断层交叉处，曾发生多次突水，如图 2-9 所示。

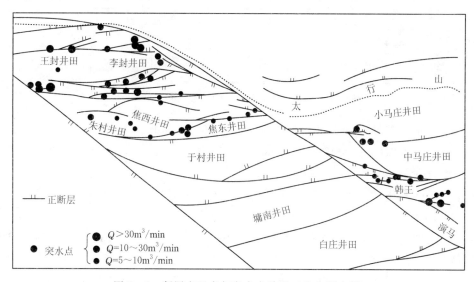

图 2-9　断层交叉点与突水点关系（Q 为涌水量）

（3）断层密度大的地段，应力集中造成岩层破碎，裂隙发育，形成了地下水运动和赋存的良好场所，一旦采掘工作面接近或通过时，易发生突水。例如焦作矿区几个生产矿井，突水与断层密度成正比关系，见表 2-2。

表 2-2　　　　　　　　　　焦作矿区突水与断层密度的关系

地　点	演马	王封	朱村	焦西	韩王	李封
断层密度/(条/km²)	0.34	0.83	1.5	3.0	3.1	3.7
突水次数	1	2	4	6	6	9

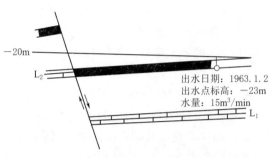

出水日期：1963.1.2
出水点标高：-23m
水量：15m³/min

图 2-10　断层上盘与突水点相对位置

（4）断层形成时，一般情况下，上盘形成的低序次断裂相应比下盘发育，故上盘部位突水性强。焦作矿区某些矿井的突水点绝大多数是发生在断层的上盘部位，如图 2-10 所示。

3. 充水岩层接受补给的条件

图 2-11 可代表华北石炭二叠系煤田上部的充水条件、充水层暴露程度及与水源的接触情况，它们对矿井涌水强度的影响很大。

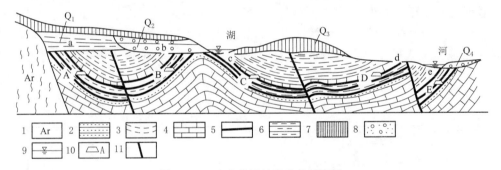

图 2-11　充水岩层补给条件示意图

1—片麻岩；2—砂岩；3—砂页岩；4—灰岩；5—煤层；6—黏土层；7—黄土；
8—砂砾石层；9—地表水位；10—巷道；11—隔、阻水断裂带

A 条件下的矿井处在缺乏补给的山前地带，其直接顶板为较强的充水层，但其上覆层为黏土层，在 a 处得到的补给少。涌水量一般在 50～200m³/h，开采初期水量较大，但衰减快，易疏干。

B 条件下的矿井分布在平原区，基岩充水层与上覆砂砾石层直接接触，并在 b 处得到补给。矿井涌水量常稳定在 500～1000m³/h，较不易疏干。

C 条件下的矿井为湖水下采矿，矿床与充水层直接出露在湖底，c 处常年受地表水威胁，易造成量大而稳定的突水，极易淹井且难于恢复。开采中既要留足安全矿柱，又要严格加强顶板管理，避免湖水突入井巷。

D 条件下的矿井充水层直接出露地表，仅接受大气降水渗入补给（在 d 处得到补给）。矿井涌水量一般较小，动态随季节变化，易于疏干。

E 条件下的矿井分布在季节性河流的下面，河水流量呈季节性变化，矿井水在 e 处接受河水补给，亦呈季节性变化。涌水量在中、小之间变化，少数矿区在丰水季可造成突

水。此类矿床应从远河处向近河处开采，且留足矿柱，而河下应在旱季开采。

从上述分析可知，充水层及矿体的出露程度越高，盖层透水性越强，与补给水体接触面积越多，矿井涌水强度越大。

4. 地震的影响

仅据唐山矿区的地震资料，可得出以下两条规律：

（1）矿区地下水位与矿井涌水量，震前下降，震时突升，震后逐渐恢复。在 1976 年 7 月 28 日震前数日，矿区地下水位普遍下降 $0.5\sim1\text{m}$，矿井涌水量由 $27.62\text{m}^3/\text{min}$ 减少到 $23.6\text{m}^3/\text{min}$；地震发生时，地下水位瞬时上升 $1\sim2\text{m}$，个别点达 3m，涌水量亦瞬时增加 3.4 倍。这是震前地层受张力、震时受挤压所致。到 1976 年年底，水位基本恢复正常（$28\text{m}^3/\text{min}$）。

（2）地震时，矿井涌水量变化幅度与地震强度成正比，与震源距离成反比。1936—1942 年，唐山矿矿井涌水量稳定在 $26\text{m}^3/\text{min}$ 上下。1945 年 9 月 23 日滦县地震、1969 年 6 月 18 日渤海湾地震、1976 年 7 月 28 日丰南地震时，矿井涌水量都明显增大。丰南地震震级最大，震源最近，涌水量变化也最大，海城地震震级虽大，但震源远，故矿井涌水量无明显变化，如图 2-12 所示。

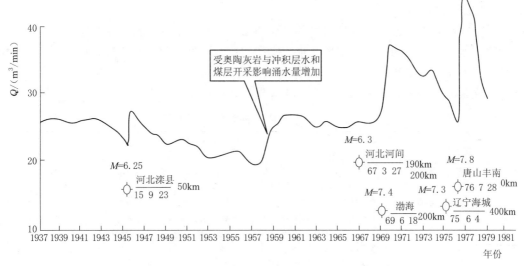

图 2-12　唐山矿历次大地震时矿井涌水量的变化曲线

第二节　矿床水文地质类型

开采矿产需要与地下水做斗争，这就要求专业人员研究矿井的涌水规律和疏干、防治水措施。人们逐渐认识到不同水文地质类型的矿床有不同的水文地质特征。具有同一水文地质特征的矿床，基本上属于相同的水文地质类型，具有大体上相似的充水条件、涌水规律和防治措施，甚至具有相似的调查研究方法。这就启发人们去研究矿床水文地质分类和各类型矿床的水文地质特征。

历史上，依据不同的原则，矿床水文地质类型有很多划分方案。这里仅介绍目前国内使用较多的几种分类方法。

一、《矿区水文地质工程地质勘探规范》（GB 12719—91）方法

1. 划分方案

（1）根据矿床主要充水含水层的容水空间特征，将充水矿床分为以下三类：第一类，以孔隙含水层为主的矿床，简称为孔隙充水矿床；第二类，以裂隙含水层为主的矿床，简称为裂隙充水矿床；第三类，以岩溶含水层为主的矿床，简称为岩溶充水矿床。

（2）按矿体（或层）与主要充水含水层的空间关系，上述各类充水矿床的充水方式分为三型：

第 I 型，直接充水矿床：矿床主要充水含水层（含冒落带和底板破坏厚度），与矿体直接接触，地下水直接进入矿井。

第 II 型，顶板间接充水矿床：矿床主要充水含水层位于矿层冒落带之上，矿层与主要充水含水层之间有隔水层或弱透水层，地下水通过构造破碎带、导水裂缝带或弱透水层进入矿井。

第 III 型，底板间接充水矿床：矿床主要充水含水层位于矿层之下，矿层与主要充水含水层之间有隔水层或弱透水层，承压水通过底板薄弱地段、构造破碎带、弱透水层或导水的岩溶陷落柱进入矿井。

（3）若综合考虑矿体与当地侵蚀基准面的关系、地下水的补给条件、地表水与主要充水含水层水力联系密切程度、主要充水含水层和构造破碎带的富水性与导水性、第四系覆盖情况以及水文地质边界的复杂程度等，各类充水矿床又可分为水文地质条件简单的矿床、水文地质条件中等的矿床、水文地质条件复杂的矿床，见表 2-3。

表 2-3　　　　　　　　　　　　不同水文地质条件复杂程度矿床的特征

类　型		水文地质条件复杂程度		
		简　单	中　等	复　杂
孔隙充水矿床	I. 直接充水矿床	主要矿体位于当地侵蚀基准面以上，地形有利于自然排水，矿床主要充水含水层和构造破碎带富水性弱至中等；或主要矿体虽在当地基准面以下，但附近无地表水体，矿床主要充水层和构造破碎带富水性弱，地下水补给条件差；很少或无第四系覆盖；水文地质边界简单	主要矿体位于当地侵蚀基准面以上，地形有自然排水条件，主要充水含水层和构造破碎带富水性中等至强，地下水补给条件好；或主要矿体位于当地侵蚀基准面以下，但附近地表水不构成矿床的主要充水因素，主要充水含水层、构造破碎带富水性中等，地下水补给条件差；第四系覆盖面积小且薄，疏干排水可能产生少量塌陷；水文地质边界较复杂	主要矿体位于当地侵蚀基准面以下，主要充水含水层富水性强，补给条件好，并具较高水压；构造破碎带发育，导水性强且沟通区域强含水层或地表水体；第四系厚度大、分布广，疏干排水有产生大面积塌陷、沉降的可能；水文地质边界复杂
裂隙充水矿床	II. 顶板间接充水矿床			
岩溶充水矿床	III. 底板间接充水矿床			

2. 各类矿床的水文地质特征

（1）以孔隙水充水为主的矿床。该类矿床包括产于松散层和半胶结半坚硬岩层中的矿床，以及被巨厚松散层覆盖、产于下伏基岩层中的矿床。当矿床涌水主要来自上覆孔隙水时，亦归于此类型。

元宝山煤田位于我国东北西部，矿区分布有厚层第四系，煤层赋存于侏罗系上统中。老哈河在矿区南 3km 流过，其支流金英河流经矿区中部，全长 191.4km，流域面积为 10570km^2，历年最大洪峰流量为 2510m^3/s，最小为 0.26m^3/s，农灌季节常断流。煤系由粉砂岩、细砂岩、泥岩夹砾岩及煤层组成，平均厚 340m，含有 12 个煤组。其中，3～6 煤组埋藏较浅，厚 10～45m，适于露天开采。煤系（渗透系数小于 0.02m/d）及断层（渗透系数为 0.0089m/d）的导水性也很弱。上覆冲积层厚 10～50m，以圆砾石为主，夹砂和卵石，砾径 2～30mm，最大可达 50～200mm，砾石成分以安山岩、花岗岩、片麻岩、玄武岩及石英岩为主。潜水位埋深 5～18m，局部达 60m 以上，钻孔单位涌水量为 53～160L/(s·m)，渗透系数为 144～322m/d，为透水性极强的含水层，且与煤系含水层有密切的水力联系。该矿床为以直接顶板孔隙水充水为主的水文地质条件复杂的矿床。

（2）以裂隙水充水为主的矿床。该类型矿床以坚硬岩层（体）裂隙发育为特点，矿产种类多，多属水文地质条件简单（少数为中等到复杂）的矿床。

唐山荆格庄煤矿，矿床分布于开平向斜次级北东向短轴向斜内，在第 12 层煤底板砂岩中发育有北东和北西（宽 0.1～0.3m）向两组宽大裂隙。当在该层中开挖运输大巷时，发生较大突水点 51 个，每小时突水大于 200m^3 者 11 次，大于 500m^3 者 4 次，最大者达 1200m^3。疏干漏斗降至 −375m 时，矿井涌水量达 3940m^3/h，稳定在 3000m^3/h。

梅山矿铁矿产于闪长玢岩与上侏罗统安山岩接触带内，呈 0～290m 厚的透镜体，处于弱承压水中。顶板为安山岩，厚 200～400m，地表见 30 余条小断层。井下揭露主要断层 17 条，断层清晰，长度从数十米至 1000m 以上，宽度为 0.5～3m，局部为 6～8m，断面近直立，如图 2-13 所示。这些裂缝无充填或充填差，多为富水的巨大断裂。矿区内的碳酸盐化围岩，经溶蚀形成一些空洞，大者达 100m^3，与裂隙相通并充满水。在勘探中，常发生掉钻。基建中遇到这些断裂，发生过多次淹井事故，水量多为 300～400m^3/h。

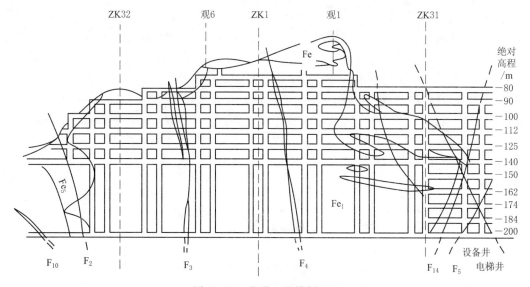

图 2-13 巷道七号横剖面图

Fe—铁矿体；F—断层

突水的特点多是来水猛，迅速减少，甚至干涸。如 309 平巷，10min 突水 2000m³。少数突水点水量虽达到稳定，但水量很小。

上述两矿床的突水，实为罕见实例。一般裂隙水充水矿床的特征是：浅部以风化裂隙和断裂带充水为主，深部以构造裂隙充水为主，越深，涌水量越少；多以降水和地表水补给为主，富水程度由中到弱；裂隙发育较均一的层位可形成似层状含水层，裂隙集中部位可形成片状含水体或脉状含水带；多数矿井的涌水量小于 1000m³/d，勘探时钻孔涌水量一般小于 1L/s，个别沟通强水源的裂隙水充水矿床可造成突水。

（3）以岩溶水充水为主的矿床。岩溶水充水矿床遍及全国，矿种多，储量大，多数大水矿床属此类型。我国北方、南方及西南地区的众多金属及非金属矿床，都受到岩溶水的威胁，开采这类矿床常造成淹井事故。北方开采的石炭二叠系煤矿区，30 多年来发生 10m³/min 以上的突水达 200 余次。南方岩溶水充水矿区，因排水普遍发生地面塌陷，如恩口煤矿到 1986 年已产生塌陷 6600 多处，山口冲地段在 0.1km² 内有塌坑 500 多个。这表明矿床水文地质条件非常复杂。岩溶水充水矿床的基本特征如下：

1）各矿区由最发育的岩溶形态控制着岩溶水的赋存特征。各矿区随岩性结构组合、原有裂隙特性、岩溶发育影响因素和发育程度的不同，岩溶形态和规模有较大的差异。北方主要以奥陶系裂隙岩溶含水层最富水；南方矿床以二叠系溶洞充水为主；西南地区则多为泥盆到三叠系岩溶管道充水。

2）矿床所处构造类型、部位、规模及其破坏程度，影响岩溶发育的强弱和矿床的富水程度。处于向斜（比处于背斜）中的矿床，汇水条件好，富水性强；产于向斜浅部的矿床比同一向斜深部的矿床的富水性强，处于浅部轴部的矿床比处于翼部的富水强，而深部轴部的矿床则比翼部的含水弱。产于大型构造中的矿床，一般比中小型的富水强。不同性质和规模的断裂带，不仅会成为富水带，还能沟通矿床上下岩溶水。多期断裂相交或重合部位，岩溶最发育、最富水，开采时最具突水危险。

3）岩溶发育不均匀，决定了岩溶水的不均一，导致矿井涌水量大小不等。岩溶强发育地段的矿井涌水量大，弱发育地段的矿井涌水量小。岩溶发育深度即为岩溶含水层的底界，随深度增加，岩溶发育由强变弱，含水层富水性和矿井涌水量皆由大变小。分布在同一标高上的矿床，处于地下水强径流带上的矿井，易发生大突水。

4）北方的裂隙岩溶水多具统一的地下水面，各含水层彼此连通性好，矿床疏干时地下水位多呈平盘式下降。南方的溶洞水赋存在大大小小的溶洞之中，彼此通过裂隙或溶隙相沟通，不同部位各具不同的水力特征，相互联系通常较北方型弱。浅部仍多具统一的地下水面，深部有的矿区有管道流。不同矿段，矿井涌水量各异。西南地区的暗河管道流，常沿褶皱轴部或断裂带发育，多各自孤立而不具统一地下水面。当井巷揭露它们时，极易突水。

二、"中国岩溶充水矿床水文地质勘探类型"方法

1. 划分方案

按充水岩溶形态分为溶隙、溶洞和暗河管道充水三类，每类按矿层与顶底板含水层接触关系分为四个型，每个类型皆依影响水文地质条件复杂程度的各因素，划分为简单、中等、复杂三级，见表 2-4。

表 2 - 4 中国岩溶充水矿床水文地质勘探类型

类　型		水文地质条件复杂程度分级		
		简　单	中　等	复　杂
溶隙充水	1. 顶板直接接触	矿层（体）位于地下水位以上；矿层（体）位于当地侵蚀基准面以上，充水岩层分布面积小至中等；矿层（体）位于当地侵蚀基准面以下，充水岩层分布面积小	矿层（体）位于当地侵蚀基准面以下，充水岩层分布面积中等，无地表水体；矿层（体）位于当地侵蚀基准面以下，近地表水体，但联系微弱，或距地表水体较远，充水岩层分布面积小至中等	矿层（体）位于当地侵蚀基准面以下，充水岩层分布面积大；矿层（体）位于当地侵蚀基准面以下，近地表水体，断裂构造发育
溶洞充水	2. 底板直接接触 3. 顶板间接接触	矿层（体）位于地下水位以上；矿层（体）位于当地侵蚀基准面以上，充水岩层分布面积小至中等，岩溶塌陷轻微；矿层（体）位于当地侵蚀基准面以下，充水岩层分布面积小，断裂构造不发育，岩溶塌陷微弱	矿层（体）位于当地侵蚀基准面以下，充水岩层分布面积中等，岩溶塌陷轻微，无地表水体；矿层（体）位于当地侵蚀基准面以下，近地表水体，但联系较弱，或距地表水体较远，充水岩层分布面积小至中等，岩溶塌陷较严重	矿层（体）位于当地侵蚀基准面以下，充水岩层分布面积大，岩溶塌陷较严重；矿层（体）位于当地侵蚀基准面以下，近地表水体，断裂构造发育；矿层（体）位于当地侵蚀基准面以下，岩溶塌陷严重
暗河管道充水	4. 底板间接接触	矿层（体）位于地下水位以上	矿层（体）位于当地侵蚀基准面以上，无地表水体，断裂构造不发育，暗河管道系统汇水面积小	矿层（体）位于当地侵蚀基准面以上或以下，但暗河管道系统汇水面积大，断裂构造发育；暗河管道系统受常年性的地表水体补给

2. 各类矿床的水文地质特征

（1）以溶隙充水为主的矿床，主要指北方受寒武系到奥陶系，其次为石炭系中裂隙岩溶水威胁的矿床，多系大水矿床。此类矿床的底板或围岩分布有岩溶发育、含水丰富和水压高的裂隙岩溶水，水文地质条件复杂，矿井涌水量大，疏干和防治也较复杂。表 2 - 5 列出了突水量大于 $50m^3/min$ 的部分矿区的突水情况。

表 2 - 5 北方岩溶水充水矿区大型突水情况

矿区名	矿井名	突水时间	突水标高/m	突水量/（m³/min）
淄博	北大井	1935 年 5 月 13 日	+81	443
	双山	1958 年 4 月 20 日	-145	70
焦作	中马山	1958 年 3 月 23 日	-164	105
	冯营	1963 年	-93	84.7
	演马庄	1964 年 9 月 30 日	-54	89
		1966 年 12 月 18 日	-69.6	52.4
	李封	1967 年 3 月	-105	53
	演马庄	1979 年 3 月	-195	204.5
	中马村	1985 年 11 月 15 日		150

矿区名	矿井名	突　水　时　间	突水标高/m	突水量/(m³/min)
开滦	林西矿	1954 年 12 月 5 日		200
	赵各庄	1972 年 3 月	-730	52.14
	范各庄	1984 年 6 月 2 日	-310	916,最大 2053
贾汪	夏桥	1956 年 2 月 9 日	-45	74
井径	三矿	1942 年 6 月 23 日		85
峰峰	一矿	1960 年 6 月 5 日	-102	150
平顶山	八矿	1971 年 10 月	-275	53.3
新密	米村	1972 年 1 月	+55	75.2
黑旺	露天矿	1974 年 8 月 20 日		149.2
莱芜	业庄	1975 年 5 月 9 日—12 月 24 日	-65	73.1
韩城	马沟	1976 年 8 月 6 日		200
西石门	北、中区	1978 年 6 月 22 日—7 月 21 日		51
晋城		1985 年 10 月 25 日		瞬刻 $n \times 10^4$

注　少数为正常涌水量。

（2）以溶洞充水为主的矿床，主要指秦岭—淮河以南，受泥盆系-三叠系岩溶水充水的多金属和煤矿床。区内岩溶较北方发育程度高，水文地质条件更加复杂，以大到小型溶洞充水为主。溶洞虽有所充填和覆盖，但因补给充沛，富水性强，常造成瞬间大量水突入井巷，并夹有大量泥砂和伴有地面塌陷和开裂；有时，还引起地表水溃入，成为主要的环境地质灾害，危害极大。表 2-6 仅列出 4 个大水矿区的突水资料，即可见其条件的复杂。

表 2-6　　　　　　　　　　南方溶洞水充水矿区突水资料

矿区名	发生时间	位　置	水量/(m³/min)	塌　陷
云庄煤矿	1974 年	-60m 回风巷突水	约 324.7	塌洞 21 个
花亭锰矿	1963 年 10 月 16 日	-75m 平巷突水	130~195	
水口山铅锌矿	1969—1970 年			塌陷 83 处,开裂 150 条
	1969 年 6—8 月	洪水从一个塌洞几天灌入	150 万	
松宣煤矿	1986 年前			塌洞 850 多个
		四对矿井	88.33~100	

恩口矿区 1 号井-50m 水平，自 1975 年 11 月—1977 年 6 月排水以来，已涌出泥沙约 50 万 t。五亩冲矿井水 3、水 9 点突水后，带出泥沙分别为 8000m³ 和 32000m³。煤炭坝矿竹山塘矿井-90m 东大巷，在 1980 年 9 月 23 日，突出岩溶充填物（泥流、砂石、岩块）约 500m³，体积大者重达 1t 多。这是由于地下水增加了对溶洞中泥水的压力，当其动能加势能大于巷道壁的抗压强度时，就可破壁，将充填物"吐"在巷道中，故也有人称之为"吐固"。

（3）以暗河管道充水为主的矿床，指赋存于西南云南、贵州、四川地区的矿床，主要受二叠系阳新灰岩，其次是泥盆系、石炭系及三叠系岩溶充水层的威胁。岩溶发育程度极不均匀，形成和保存的地下管道比前两类地区多，也造成区内地表水缺乏和地下水分布不均匀。各管道接受降水，多成为复杂孤立的地下河，有各自的进口、出口与补给域。其中水的运动具有管渠水力特征，多呈紊流状态，且其动态受降水控制，水位与流量暴涨暴落。雨季水量比旱季增大几十倍至几百倍。如石屏天堂矿暗河，最小与最大流量比为1∶3549。四川江北煤矿平硐，在1966年8月24日掘进中遇断层，从炮眼喷水；27日放炮后水迅猛冲出硐口，流量达1500m³/min，从直径约1m的管道涌出，向上与巨型溶洞相连（洞长250m，最宽80m），洞底有水潭和水流。红岩矿位于四川盆地南缘，间接顶板有富水的长兴岩溶水，直接底板有茅口岩溶水。矿区内分布有数条断层，F_7压性断层切过煤、顶底板含水层和海空暗河，属水文地质条件复杂到极复杂的矿床。矿区内有7条暗河，长兴灰岩中的3条断层对矿井涌水影响不大；栖霞、茅口灰岩中的4条断层对矿井涌水有影响，影响最大者为海空暗河，它长2550m，从海空洼地135号溶洞流至148号泉，排入丛林河，流量为12.67～672L/s，为南茅口矿井运输大巷突水点（最大涌水量为153.33m³/min）的水源。在南总回风巷，于1971年在丛林向斜轴发现一个干溶洞，尺寸为4m×4m；1974年9月5日暴雨，6日该处涌水突然达300m³/min，矿井总涌水量达67.2万m³/d，淹井。冲毁运输大巷4130m，中断生产3个多月，清除泥沙、砾石8270m³，损失严重。突水来源于底板茅口组岩溶水，水量大小，既与通道中水动态有关，也与突水点所处的地形、汇水面积、构造条件及地表水等有关。

三、《煤矿防治水细则》（煤安监调查〔2018〕14号）方法

根据井田内受采掘破坏或者影响的含水层及水体、井田及周边老空（火烧区，下同）水分布状况、矿井涌水量、矿井突水量、开采受水害影响程度和防治水工作难易程度，将矿井水文地质类型划分为简单、中等、复杂和极复杂四种类型，见表2-7。

表2-7　　　　　　　　　　　　矿井水文地质类型

分类依据		类别			
		简　单	中　等	复　杂	极复杂
井田内受采掘破坏或者影响的含水层及水体	含水层（水体）性质及补给条件	为孔隙、裂隙、岩溶含水层，补给条件差，补给来源少或者极少	为孔隙、裂隙、岩溶含水层，补给条件一般，有一定的补给水源	为岩溶含水层、厚层砂砾石含水层、老空水、地表水，其补给条件好，补给水源充沛	为岩溶含水层、老空水、地表水，其补给条件很好，补给来源极其充沛，地表泄水条件差
	单位涌水量q/[L/(s·m)]	$q \leqslant 0.1$	$0.1 < q \leqslant 1.0$	$1.0 < q \leqslant 5.0$	$q > 5.0$
井田及周边老空水分布状况		无老空积水	位置、范围、积水量清楚	位置、范围、积水量不清楚	位置、范围、积水量不清楚
矿井涌水量/(m³/h)	正常Q_1	$Q_1 \leqslant 180$	$180 < Q_1 \leqslant 600$	$600 < Q_1 \leqslant 2100$	$Q_1 > 2100$
	最大Q_2	$Q_2 \leqslant 300$	$300 < Q_2 \leqslant 1200$	$1200 < Q_2 \leqslant 3000$	$Q_2 > 3000$
突水量Q_3/(m³/h)		$Q_3 \leqslant 60$	$60 < Q_3 \leqslant 600$	$600 < Q_3 \leqslant 1800$	$Q_3 > 1800$
开采受水害影响程度		采掘工程不受水害影响	矿井偶有突水，采掘工程受水害影响，但不威胁矿井安全	矿井时有突水，采掘工程、矿井安全受水害威胁	矿井突水频繁，采掘工程、矿井安全受水害严重威胁
防治水工作难易程度		防治水工作简单	防治水工作简单或者易于进行	防治水工作难度较大，工程量较大	防治水工作难度大，工程量大

注　1. 单位涌水量q以井田主要充水含水层中有代表性的最大值为分类依据。
　　2. 矿井涌水量Q_1、Q_2和突水量Q_3以近3年最大值并结合地质报告中预测涌水量作为分类依据。含水层富水性及突水点等级划分标准见《煤矿防治水细则》附录一。
　　3. 同一井田煤层较多，且水文地质条件变化较大时，应当分煤层进行矿井水文地质类型划分。
　　4. 按分类依据就高不就低的原则，确定矿井水文地质类型。

根据我国的矿井水文地质特征和主要影响因素，《煤矿防治水细则》提出的矿井水文地质类型的划分依据如下：

（1）井田内受采掘破坏或者影响的含水层及水体。其中包括含水层性质及补给条件和单位涌水量。受采掘破坏或影响的含水层也就是矿井充水的主要含水层。例如，在华北型煤田中开采上组煤层时可能主要是顶板砂岩含水层，而在开采太原组底部煤层时可能是煤层底板奥陶系灰岩含水层和顶板薄层灰岩含水层。单位涌水量 q 是反映充水含水层富水性的重要指标，q 的取值应以井田内主要充水含水层中有代表性的为准。

（2）井田及周边老空水分布状况。老空水包括古井、小窑、矿井采空区及废弃老塘的积水等。我国煤矿开采历史悠久，老空水分布广泛，对矿井或相邻矿井造成极大威胁，矿井采掘工程一旦揭露或接近，常会造成突水。老空水一般位置不清，水体几何形状不规则，空间分布无规律，积水位置难以分析判断，突水来势迅猛，破坏性强。老空水多为酸性水并具有腐蚀性，但也有含有诸如硫化氢等有害气体的老空水。老空水事故约占总水害事故的80％以上，因此，在该规定的矿井水文地质类型划分中，将老空水分布状况作为类型划分的一个重要指标。

（3）矿井涌水量。考虑矿井正常涌水量和最大涌水量。我国西北地区矿井涌水量明显偏小，因而分类表中西北地区矿井涌水量界限值不同于其他地区。

（4）矿井突水量。含水层或含水体中的水突破隔水体而突然进入采掘系统空间的水量，往往造成灾害，因此，将突水量作为分类指标之一。

（5）开采受水害影响程度。主要根据矿井是否经常突水以及突水的频率和突水量的大小进行分类。

（6）防治水工作难易程度。主要根据防治水工程量及经济效益等进行分类。如果投入的防治水工程量太大，经济效益差，目前就不宜开采，待将来科技进步了再进行安全高效开采。

第三节 矿井水文地质类型划分报告的编写

我国煤矿水文地质条件复杂，对煤矿安全生产影响很大，历史上曾多次发生水害事故，造成严重的经济损失和人员伤亡。因此必须开展矿井水文地质类型划分报告编写工作，以确定水文地质类型，指导矿井防治水工作，从而确保煤矿安全生产。矿井水文地质类型划分报告应在系统整理、综合分析矿床勘探、矿井建设生产各阶段所获得的水文地质资料的基础上进行编写，至少应当包括以下七项内容。

一、矿井及井田概况

（1）矿井及井田基本情况。概述煤矿开发情况，包括矿井投产年限、设计年生产能力、现今实际产量，矿井开拓方式、生产水平及主要开采煤层。

（2）位置、交通。概述井田位置、行政隶属关系，地理坐标、长、宽、面积、边界及四邻关系。通过矿区或邻近城镇的铁路、公路、水路等交通干线，以及与距矿区最近的火车站、码头和机场的距离。附矿区交通位置图。

（3）地形地貌。概述井田地形地貌主要特征、类型、绝对高度和相对高度、总体地形和有代表性地点，如井口、工业场地内主要建筑物等标高，主要河流的最低侵蚀基准面。

（4）水文、气象。概述矿区及其邻近地区地表水体发育状况，包括江、河、湖、海、水库、沟渠、坑塘池沼等。河流应指出其所属水系，并根据水文站资料分别说明其平均最大、最小流量及历史最高洪水位等。湖泊、水库等则应指出其分布范围和面积。

应说明矿区所属气候区。根据区内和相邻地区气象站资料，给出区内降水分布，包括年平均、最大和最小降水量以及降水集中的月份。还应指出年平均、年最大蒸发量，最高、最低气温，平均相对湿度，最大冻土深度，年平均气压等。资料齐全时应附气象资料汇总表或月平均降水量、蒸发量、相对湿度、温度曲线图（插表和插图）。

（5）地震。概述历史上地震发生的次数、最大震级及地震烈度等。

（6）矿井排水设施能力现状。概述井下各水平排水设施，包括水仓容积，排水泵型号、台数，排水管路直径、趟数，井下最大排水能力，是否具有抗灾能力，是否满足疏水降压的要求等。

二、以往地质和水文地质工作评述

按普查、详查、勘探、建井和矿井生产或改扩建几个不同阶段分门别类总结已完成的地质、水文地质工作成果，指出各类报告的名称及完成时间。

（1）预查、普查、详查、勘探阶段地质和水文地质工作成果评述。按时间顺序（由老到新）总结报告或重要图纸，包括完成年限、完成单位和报告主要内容及结论。

（2）矿区地震勘探及其他物探工作评述。其主要内容包括完成单位、勘探时间、勘探范围、测线长度和物理点的密度。概述物探的主要地质和水文地质成果，特别是地震勘探对各种构造的控制情况。

（3）矿井建设、开拓、采掘、延深、改扩建时期的水文地质补充勘探、试验、研究资料或专门报告评述。总结水文地质工作成果（报告）的完成时间、完成单位和主要内容。详细说明矿区存在的主要水文地质问题，对以往的水文地质和防治水工作进行综合评述。

三、地质概况

（1）地层。按井田所在水文地质单元（或地下水系统）和井田内发育的地层由老到新的顺序描述，如震旦系→寒武系→奥陶系→石炭系→二叠系→侏罗系→白垩系→新近系→第四系。某些系的地层可再按统、组细划。描述内容主要包括：厚度、岩性、分布与埋藏条件，煤系、可采煤层及储量描述（包括煤系地层和主要可采煤层）。

（2）构造。按照《中国大地构造纲要》的划分，给出地质构造隶属关系。对褶曲构造逐一进行描述，内容包括背斜、向斜、单斜、地堑和地垒等。对背斜、向斜应给出轴向、产状等。对区内的断裂构造进行详细描述，其中包括断层的数量、编号、展布方向、倾向、倾角、性质、落差和延伸长度等。附断层发育一览表和构造纲要图等。

（3）岩浆岩。描述井田内岩浆岩的时代、岩性、产状和分布规律及其与煤层和主要含水层的关系。

四、区域水文地质

主要描述矿区所处水文地质单元或地下水系统名称、范围、边界，地下水的补给、径流、排泄条件，强径流带展布规律及岩溶泉群流量等。特别应指出矿区所处地下水系统的具体位置。附矿区所处水文地质单元或地下水系统示意图。

五、矿井水文地质

（1）井田边界及其水力性质。描述矿井四周边界的构成，一般是指断层、隐伏露头、火成岩体和人为边界等。分析边界可能造成的含水层之间的水力联系和矿区以外含水层水力联系。

（2）含水层。按由新到老的顺序对含水层逐一进行描述。其内容主要包括：含水层的名称、产状、分布、厚度（最大、最小和平均厚度）、岩性及其在纵横向上的变化规律，地下水位标高、单位涌水量、渗透系数，水化学类型、矿化度、总硬度等。指出含水层地下水补给来源及其与其他含水层的水力联系。岩溶裂隙含水层还应指出岩溶发育情况和钻孔涌水量、泥浆消耗量、单位吸水量等。特别应当指出岩溶陷落柱存在与发育状况。附主要充水含水层等水位线图等。

（3）隔水层。按由新到老的顺序逐一描述，重点是构成煤层顶底板的隔水层。其内容主要包括：岩性、分布、厚度（最大、最小和平均厚度）及其变化规律、物理力学性质和阻隔大气降水、地表水和含水层之间水力联系的有关信息。

（4）矿井充水条件。矿井充水条件主要是指充水水源、充水通道和充水强度。对各种可能的充水水源（如大气降水、地表水、地下水和老空水等）可能的充水通道（如断层和裂隙密集带、陷落柱、煤层顶底板破坏形成的通道、未封堵和封堵不良的钻孔及岩溶塌陷等）进行详细描述并列表加以说明。

（5）井田及周边地区老空水分布状况。详细描述井田及周边地区老空水分布状况，包括位置、积水范围和体积、水头压力以及与其他水源的联系等。必要时进行专项调研。

（6）矿井充水状况。对井下涌（突）水点进行调查，描述涌（突）水点位置、水量和水质变化规律以及涌（突）水点处理情况。统计分析矿井最大涌水量和正常涌水量。涌水量包括井筒残留水量、巷道涌水量、工作面涌水量和老空区来水量等。

六、对矿井开采受水害影响程度和防治水工作难易程度的评价

（1）矿井未来3年采掘和防治水规划。

（2）对矿井开采受水害影响程度的评价。根据表2-7所列内容，评价水害对矿井生产影响的大小并进行等级划分。

（3）对矿井防治水工作难易程度的评价。从技术和经济两方面评价矿井防治水工作难易程度。

七、矿井水文地质类型的划分及对防治水工作的建议

（1）矿井水文地质类型的划分。根据表2-7的规定，对不同煤层的开采，按照井田内受采掘破坏或者影响的含水层性质及补给条件、富水性、井田及周边老空水分布状况、矿井涌水量、突水量，开采受水害影响程度和防治水工作难易程度进行矿井水文地质类型划分。同一矿区不同煤层开采的矿井水文地质类型可以不同。

（2）对防治水工作的建议。说明矿井存在的主要水害问题和应采取的防治水措施。

第三章 矿坑涌水量预测

第一节 概 述

矿坑涌水量预测是矿床水文地质勘察的重要组成部分，它不仅是确定矿床水文地质类型、对矿床进行技术经济评价及合理开发的重要指标之一，更是生产设计部门制订开采方案、确定排水能力和制定疏干措施的主要依据。因此，正确预测矿坑涌水量是矿床水文地质工作者的重要任务之一。

矿坑涌水量是一个变化的参数，它随矿床开采过程中被揭露岩层的透水性、矿井的延伸、开采面积的增大以及地下水储量的损耗而不断发生变化。为了使预测结果尽量符合客观实际，要求矿床水文地质工作者充分查明自然条件，正确分析开采活动对矿床水文地质条件的影响，合理确定参数，选用适合不同条件的计算公式和方法。

一、矿坑涌水量概念

矿坑涌水量指在矿山开拓到回采过程中，单位时间内流入矿床（包括井、巷和开采系统）的水量，通常以 m^3/d、m^3/h 表示。在矿床水文地质调查中，要求正确评价未来矿山开发各阶段的涌水量，其内容和要求可概括为以下三个方面：

（1）矿坑正常涌水量，指开采系统达到某一标高（水平或阶段）时，正常状态下保持相对稳定的总涌水量，通常指平水年的涌水量，主要用于矿区水均衡分析。

（2）矿坑最大涌水量，指正常状态下开采系统在丰水年雨季时的最大涌水量。对某些受暴雨强度直接控制的裸露型、暗河型岩溶充水矿床而言，还应依据矿床的服务年限和当地气象变化周期，按当地气象站所记录的最大暴雨强度，预测数十年一遇特大暴雨强度产生时可能出现的特大矿坑涌水量，作为确定矿井排水能力、污水处理能力的依据。

（3）开拓井巷涌水量，指井筒（竖井、斜井）和巷道（平巷、斜巷、石门）在开拓过程中的涌水量。

在各地质调查阶段，均以预测矿坑正常涌水量和最大涌水量为主，由矿床水文地质人员担任。开拓井巷涌水量的预测，主要由矿山基建或生产部门负责。

二、矿坑涌水量预测方法及特点

由于各种方法适用条件不尽相同，因而在解决具体问题时，应根据水文地质条件复杂程度、实际生产情况及经济合理性等因素综合考虑，选择适宜的预测方法。目前常用的预测计算方法如图 3-1 所示。本章仅对矿坑涌水量预测模型中的解析法、数值法、数理统计法（以 Q-S 曲线外推法为主）、水均衡法及水文地质比拟法加以介绍。

虽然矿坑涌水量预测的原理方法与供水水资源评价类同，但其预测条件、预测要求与思路各有不同。

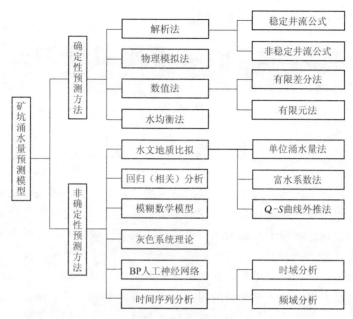

图 3-1 矿坑涌水量预测模型划分

（1）供水水资源评价，一般以确保枯水期最小开采量为目的；而矿坑涌水量预测则以准确地预测丰水期最大涌水量为目标。

（2）我国矿床大多分布于基岩山区，充水条件悬殊，补排条件大多复杂。在边界条件概化中，非确定性因素多，含水介质非均匀性突出，参数的代表性难以解决。地下水流态复杂，常出现紊流、非连续流与管道流。组成概化模型的三大要素为边界、结构与流态复杂，定量化难度大。

（3）矿山井巷类型与空间分布千变万化，开采方法、开采速度与规模等生产条件复杂且不稳定，与供水的取水建筑物简单、生产条件稳定形成鲜明对比，给矿坑涌水量预测带来诸多不确定性因素。

（4）矿坑涌水量多采用大降深下推的方法进行预测。大降深疏干又必然导致矿区水文地质条件的严重干扰与破坏，其破坏强度又比较难以预料与定量化。这与供水小降深采水有明显差异，使用供水时的计算理论与方法，通常难以满足要求。

（5）矿床地质调查中，一般对水文地质工作投入的技术条件较差、投资少、工程控制程度低，在客观上也给涌水量预测带来较大困难。

以上特点决定了矿坑涌水量预测中存在诸多产生误差的客观条件，因此它属于评价性计算，其目的是为矿山设计及采前的进一步专门性勘探提供依据。

第二节 解 析 法

一、基本原理

解析法就是通过分析研究地下水在多孔介质（含水层）中的运动规律、运动状态和受控条件以及涌入矿井的流动条件，应用地下水动力学理论，建立起描述研究区地下水运动规律的水动力学方程，进而在相关控制条件下求解地下水动力学方程，获得特定条件下矿坑涌水量的基本方法。所应用的地下水动力学理论主要有：以裴布依公式为代表的稳定流理论，以泰斯公式为代表的非稳定流理论。所谓相关控制条件有：地层的渗透性、补给、径流和排泄条件、水力驱动条件和边界条件等。

二、井巷涌水量预测

1. 竖井涌水量的计算

在计算竖井井筒涌水量时，可将井筒看作钻孔，因而可以利用地下水向垂直集水建筑物运动的公式来计算井筒涌水量。对于斜井，如井筒中心线接近垂直（>45°）时，按竖井进行计算，并把斜井的垂直投影长度作为计算长度。

【实例1】 某矿区二叠系石灰岩位于煤系地层顶部，裂隙岩溶发育且延深较大，附近有一条河流，河水渗入补给地下水。岩层倾角平缓，岩性单一均质，排水时形成的降落漏斗不对称（图3-2）。根据地质勘探和抽水试验资料，含水层的平均厚度 $H = 70\text{m}$，渗透系数的平均值 $K = 1.2\text{m/d}$，井筒半径 $r = 4\text{m}$，井筒与河流的距离 $L = 200\text{m}$。

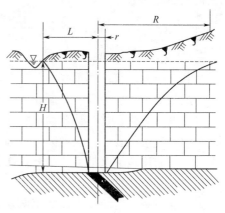

图3-2 某矿竖井涌水量计算剖面示意图

根据上述条件，预计井筒的涌水量时，应选用下式：

$$Q = 1.366K \frac{(2H-S)S}{\lg(2L) - \lg r}$$

式中 S——水位降深。

当井筒穿过整个含水层开凿至煤系地层时，$S_{\max} = 70\text{m}$，代入上式，得

$$Q = 1.366K \frac{(2H-S)S}{\lg(2L) - \lg r}$$

$$= 1.366 \times 1.2 \times \frac{(2 \times 70 - 70) \times 70}{\lg(2 \times 200) - \lg 4} = 4016 (\text{m}^3/\text{d})$$

2. 水平巷道涌水量的计算

当井下水平巷道排水时，沿巷道两侧含水层中的水位下降，这与地下水流向水平集水建筑物的情况类似，因而可以利用地下水动力学公式，计算水平巷道的涌水量。对于斜井，如井筒中心线接近水平（<45°）时，按水平巷道计算，并把斜井的水平投影长度作为计算长度。

【实例2】 某矿开采二叠系煤层，煤厚1.4m，煤层直接顶板为裂隙极为发育的粗粒砂岩，厚 $M = 36.82\text{m}$，煤层倾角40°，设计顺煤层走向开拓巷道长 $L = 320\text{m}$。根据勘探资料，砂岩的水头高 $H = 159.85\text{m}$，渗透系数 $K = 36.158\text{m/d}$，影响半径 $R = 9607\text{m}$，如图3-3所示，预计巷道涌水量。

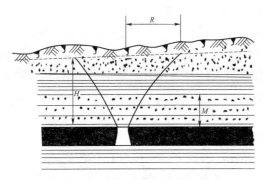

图 3-3　某矿坑道涌水量计算剖面图

根据上述条件，在开拓巷道时，顶板砂岩水必然进入井内，随着巷道长度的增加，涌水量逐渐增大，沿巷道两侧降落漏斗也逐渐扩大，最后在巷道附近出现承压水-潜水。同时考虑到煤层倾角平缓，为简化计算且不影响其精度要求，可当做水平看待。要保证安全开采，应使承压水头降至煤层顶板，即 $h=0$，故预计涌水量为

$$Q=LK\frac{(2H-M)M-h^2}{R}$$

将上述已知数据代入，得

$$Q=320\times36.158\times\frac{(2\times159.85-36.82)\times36.82}{9607}=12544.48(\text{m}^3/\text{d})$$

三、"大井法"预测

井巷系统的形状比供水井复杂得多，且分布极不规则，范围广阔，又处于经常变化之中，构成了复杂的内边界。当矿井排水时，矿井周围就会形成以巷道系统为中心的具有一定形状的降落漏斗，这与钻孔抽水时在钻孔周围形成降落漏斗的情况相类似，故常将此形状复杂的井巷系统看作一个"大井"，此时，整个井巷系统的涌水量就相当于"大井"的涌水量，可利用地下水动力学的公式计算矿坑涌水量，称为"大井法"。

1. "大井"引用半径 r_0 的确定

把井巷系统圈定的或者以降水漏斗距井巷最近的封闭等水位线圈定的面积 F 看作该"大井"的面积。近圆形"大井"的引用半径 r_0 的计算公式为

$$r_0=\sqrt{\frac{F}{\pi}}=0.564\sqrt{F} \tag{3-1}$$

不同轮廓的大井，引用半径 r_0 的计算方法见表 3-1～表 3-4。

表 3-1　　　　　　　　　　　　　引用半径 r_0 计算方法

矿坑平面图形		r_0 表达式	说　明
长条形(缝口形)	s	$r_0=\dfrac{s}{4}=0.25s$	s—基坑长度； $\dfrac{\text{宽}}{\text{长}}\to0$ 时才适用
椭圆形	D_1,D_2	$r_0=\dfrac{D_1+D_2}{4}$	$D_1、D_2$—椭圆长轴及短轴长度
矩形	a,b	$r_0=\eta\dfrac{a+b}{4}$	$a、b$—矩形边长； η 见表 3-2

矿坑平面图形		r_0 表达式	说 明
	菱形	$r_0 = \eta \dfrac{c}{2}$	c—菱形边长； η 见表 3-3
	方形	$r_0 = 0.59a$	a—方形边长
	不规则的圆形	$r_0 = \sqrt{\dfrac{F}{\pi}}$	$\dfrac{a}{b} < 2\sim3$ 时采用该式计算； F—基坑面积
	不规则的多边形	$r_0 = \dfrac{P}{2\pi}$	$\dfrac{a}{b} < 2\sim3$ 时用此公式计算； P—基坑周长
	弓形	$r_0 = \xi l$	l—弧长； ξ 见表 3-4
	同一半径二圆弧组成的图形	$r_0 = \dfrac{\pi l}{2\gamma}$	l—基坑对角线长； γ—基坑外角
		$r_0 = \xi\gamma$	γ—基坑外角； $\xi = \dfrac{\pi}{2\gamma\cos\dfrac{\pi(\beta-\alpha)}{2\gamma}}$

表 3-2   **b/a 与 η 关系表**

b/a	0	0.20	0.40	0.60	0.80	1.00
η	1.00	1.12	1.14	1.16	1.18	1.18

表 3-3   **菱形基坑小角值与 η 关系表**

基坑小角值	0°	18°	36°	54°	72°	90°
η	1.00	1.06	1.11	1.15	1.17	1.18

表 3-4   **基坑内角 β 与 ξ 关系表**

基坑内角 β	0°	18°	36°	54°	72°	90°
ξ	0.250	0.264	0.282	0.306	0.338	0.385

2. 引用影响半径 R_0 的确定

从稳定井流理论的实际应用出发，根据等效原则，将疏干量与补给量相平衡时出现的稳定流场，其边界用一个引用的圆形等效外边界进行概化，其与"大井"中心的水平距离称为引用影响半径，也称为补给半径，即 $R_0 = R + r_0$。同理，在用平面流解析公式计算狭长水平巷道涌水量时，也就有了"引用影响带宽度 L_0"的概念，即巷道中心与外边界之间的距离。

（1）巷道系统抽水的影响半径 R 值，有以下经验公式：

潜水 $$R = 2S\sqrt{KH} \qquad\qquad (3-2)$$

承压水 $$R = 10S\sqrt{K} \qquad\qquad (3-3)$$

式中　S——水位降深；

　　　K——渗透系数；

　　　H——潜水含水层的厚度或承压含水层的水头高度（从巷道底板算起）。

（2）对于巷道系统的涌水量预测，由于疏干漏斗形状不规则，在解析法中以 R_{cp} 代表 R_0 较为合理。R_{cp} 是巷道中心与天然水文地质界线之间距离的加权平均值，根据塞罗瓦特科公式计算，即

$$R_{cp} = r_0 + \frac{\sum b_{cp}L}{\sum L} \qquad\qquad (3-4)$$

式中　r_0——"大井"的引用半径；

　　　b_{cp}——井巷轮廓线与各不同类型水文地质边界间的平均距离；

　　　L——各类型水文地质边界线的宽度。

当井巷系统处于近圆形补给边界时［图3-4（a）］，R 可取平均值 b_{cp}；当其处于直线补给边界［图3-4（b）］时，R 则取 $\sum b_{cp}L/\sum L$。

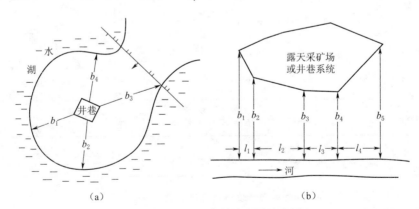

图3-4　井巷系统补给边界示意图
（a）圆形补给边界；（b）直线补给边界

3. 渗透系数的确定

渗透系数是解析公式中的主要参数。我国矿山大多分布于基岩山区的裂隙、岩溶充水矿床，充水含水层的渗透性具有明显不均匀性，根据解析计算要求，应做均值概化，同时这也是保证渗透系数具有代表性的措施之一。矿坑涌水量预测中常用的方法有以

下两种：

（1）加权平均值法。加权平均值法又可分为厚度平均法、面积平均法、方向平均法等。如厚度平均法，其公式为（图 3-5）

$$K_{cp} = \frac{\sum\limits_{i=1}^{n} M_i K_i}{\sum\limits_{i=1}^{n} M_i} \qquad (3-5)$$

式中　K_{cp}——渗透系数加权平均值；

　　　　M_i——含水层各垂向分段厚度；

　　　　K_i——相应分段的渗透系数。

（2）流场分析法。有等水位线图时，可采用闭合等值线法，即

$$K_{cp} = -\frac{2Q\Delta r}{M_{cp}(L_1 + L_2)\Delta h} \qquad (3-6)$$

或根据流场特征，采用分区法 ［图 3-6（a）］，即

$$K_{cp} = \frac{Q}{\sum\limits_{i=1}^{n}\left(\dfrac{b_1 - b_2}{\ln b_1 + \ln b_2} \cdot \dfrac{h_1^2 - h_2^2}{2L}\right)} \qquad (3-7)$$

式中　L_1、L_2——任意两条（上、下游）闭合等水位线的长度；

　　　　Δr——两条闭合等水位线的平均距离；

　　　　Δh——两条闭合等水位线间水位差；

　　　　M_{cp}——含水层的平均厚度；

　　　　Q——涌水量；

　　　　b_1、b_2——分流区辐射状水流上、下游断面的宽度；

　　　　h_1、h_2——b_1、b_2 断面隔水底板上的水头高度；

　　　　L——b_1 与 b_2 断面的间距。

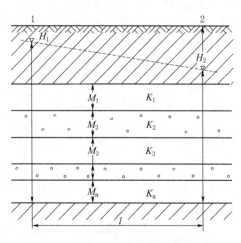

图 3-5　厚度平均法加权求渗透系数

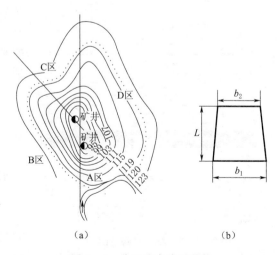

图 3-6　分区法求渗透系数

（a）流场分区；（b）分区断面参数

4. 矿坑涌水量计算

当矿坑涌水量仅随季节变化在一定范围内波动且呈现相对稳定状态时，即可以认为以矿坑为中心形成的地下水渗流场基本符合稳定井流条件，可近似应用以裘布依基本方程为代表的稳定井流解析公式解决矿坑涌水量预测问题。用稳定井流公式来估算矿坑涌水量，可表示为

承压水 $$Q=2.73\frac{KMS}{\lg\frac{R}{r_0}} \tag{3-8}$$

潜水 $$Q=1.366K\frac{(2H_0-S)S}{\lg\frac{R}{r_0}} \tag{3-9}$$

承压水-潜水 $$Q=1.366K\frac{2H_0M-M^2-h_w^2}{\lg\frac{R}{r_0}} \tag{3-10}$$

式中 Q——矿井"大井"涌水量；

$\quad K$——含水层渗透系数；

$\quad H_0$——潜水含水层厚度或静水位高度；

$\quad M$——承压含水层厚度；

$\quad S$——水位降深；

$\quad h_w$——稳定时的水位高度；

$\quad R$——"大井"引用影响半径；

$\quad r_0$——"大井"引用半径。

【实例3】 某煤田为一倾角不大的倾伏背斜，地表出露为玉龙山灰岩，煤层埋藏深度约为300m。煤层的间接顶板为长兴灰岩，其中夹有泥质灰岩、钙质页岩。两组灰岩无水力联系，玉龙山灰岩对未来开采无影响。长兴灰岩沿背斜轴部出露，岩溶现象比较发育，并有暗河三条，以泉的形式出露地表，长期观测的平均流量 $Q_{暗}=15448\mathrm{m}^3/\mathrm{d}$。煤层开采后顶板冒落影响长兴灰岩含水层。根据勘探资料，含水层的平均厚度为65.49m，平均渗透系数 $K_{cp}=0.144\mathrm{m}/\mathrm{d}$，平均水头高度 $H_{cp}=210\mathrm{m}$。巷道系统布置在隔水页岩之上，分布面积为3.9km²，如图3-7所示。试预测巷道系统的涌水量。

根据上述条件，煤层开采后，必定形成以巷道系统为中心的降落漏斗，且在降落漏斗的相当范围内，承压含水层的水位会降至隔水顶板以下，所以巷道系统涌水量的预计，应选用如下公式：

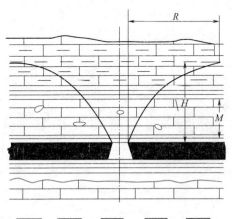

图3-7 某煤田地质剖面示意图

1—石灰岩；2—泥质灰岩；3—页岩；

4—煤层；5—岩溶

$$Q_{总} = Q_{暗} + Q_{涌}$$

$$Q_{涌} = 1.366K \frac{2HM - M^2 - h^2}{\lg R_0 - \lg r_0}$$

确定 r_0：考虑到该巷道系统的轮廓为不规则圆形，故

$$r_0 = \sqrt{\frac{F}{\pi}} = \sqrt{\frac{3.9 \times 1000^2}{3.14}} = 115(\text{m})$$

确定 R_0：因为 $R = 2S\sqrt{KH} = 2300\text{m}$，故

$$R_0 = R + r_0 = 2300 + 1115 = 3415(\text{m})$$

因矿井排水后，井中的水位降至含水层的底板，故 $h = 0$。将上述数据代入公式后，得

$$Q_{涌} = 1.366 \times 0.144 \times \frac{2 \times 210 \times 65.49 - 65.49^2}{\lg 3415 - \lg 115} = 9395(\text{m}^3/\text{d})$$

$$Q_{总} = 15448 + 9395 = 24843(\text{m}^3/\text{d})$$

第三节 数 值 法

一、数值法及其优缺点

用解析法求解数学模型可以得到解的函数表达式，但它有很大的局限性，只适用于含水层几何形状规则、性质均匀、厚度固定、边界条件单一的理想情况，地下水动力学中讨论的就属于这种情况。然而，实际问题要复杂得多，如边界形状不规则，含水层是非均质甚至是非均质各向异性的，含水层厚度变化甚至有缺失的情况。对于一个描述实际地下水系统的数学模型而言，一般都难以找到它的解析解，只能求得用数值表示的在有限个离散点（称为结点）和离散时段上的近似解，称为数值解。求数值解的方法称为数值法。在计算机上用数值法来求数学模型的近似解以达到模拟实际系统的目的，称为数值模拟。

目前常用的矿坑涌水量计算的数值法是有限差分法和有限元法。两者在解题过程中有很多相似之处，都将计算域剖分成若干网格，都将偏微分方程离散成线性代数方程组，用计算机联立求解线性方程组；所不同的是网格剖分及线性化方法。在线性化的数学推导过程中，有限差分法简单易懂，物理定义明确；而有限元法较复杂，涉及的数学知识较深。本节仅就涌水量预测中应用数值法的特点和解决的问题简单说明。

（1）矿床疏干的面积与疏干降深远较供水井大得多。矿床疏干与供水不同，由于其水位降深大，疏干范围广，不仅使影响到的含水层复杂多变，还会使地下水的流场状态、边界位置与性质等发生较大的改变。虽然这些条件变化用数值法可以解决，但这些变化多是勘探阶段难以查清的，这就给涌水量预测增加了困难。因此，要求在勘探中应对大面积和大降深疏干可能引发的问题予以充分研究。

（2）在已知采矿方案（疏干工程内边界）时，预测疏干流场外边界的变化规律对预测涌水量非常重要。数值法能真实地模拟边界的复杂几何形态和较好地描述边界的性质和水力特征。如对外边界判断失误，则会使预测的矿坑涌水量值严重失真。因此，对各种边界都要进行水文地质论证，必须严格控制边界地下水位变化值和论证区域补给量。

（3）数值法摆脱了解析法求微分方程时的种种理想化要求。它能真实地刻化水文地质（概化）模型的各种特征，能够解算诸如含水层形状不规则、含水层非均质性差异大、多井干扰开采、各矿井疏干水平不同和各矿开拓时间各异等复杂条件下的矿坑涌水量。

（4）用数值法可解决求参困难的问题。可用已知某时段的水头值反求参数 T、μ^* 等值，称为反演计算。

（5）正确地认识与概化矿区水文地质条件仍是重要的。同解析法一样，数值法也要求正确地简化各种具体条件，使其主要方面能在数学模型中表达出来，这是基础工作。如将条件认识错了，数值法计算结果必然也是错误的。

从上述各点可以看出，用数值法预测矿坑涌水量较解析法有明显的优点，如运用得当，定能获得满意的结果。

二、数值法解题步骤

用数值法解地下水流模型的主要步骤如下：

（1）将渗流区剖分成单元，用有限个结点水头表示连续的水头函数 $H(x, y, z, t)$。

（2）在离散化的基础上，从微分方程（或积分方程）出发，或直接从水均衡的原理出发，建立起每个结点的水头与周围结点水头之间的关系式，一般为线性关系式。

（3）把分别对每个结点建立的方程合在一起，再利用定解条件使其成为存在唯一解的方程组。

（4）解这一方程组，得到各结点的水头值。若为稳定流，则这些结点水头即表现出稳定水压面或潜水面；若为非稳定流，则需把时间也离散化，看作一系列的"稳定流"，重复（3）、（4）两个步骤求解，结果得到各结点的未知水头在一系列时刻的瞬时值，并以此来代表所需求的非稳定水压面或潜水面。

数值法研究 Q、S、t 三者之间的关系，通常是先给定流量 Q，然后计算降深 S 随时间 t 的关系，若结果不符合工程要求，则重新给定流量，再行计算。这样就给出若干个 Q、S、t 不同方案，以供选择。

【实例4】 斗笠山煤矿位于娄底市，地下水盆地面积约 123km²，栖露组李子塘段泥岩构成天然隔水边界。含煤面积约 68km²，煤层系二叠系上统龙潭组。主要充水层为二叠系下统茅口组与栖霞组上部裂隙岩溶含水层，含水丰富，并构成煤系的直接底板。向斜两侧－800m 处为隔水底边界。煤系和上覆地层含水性微弱。矿区常年湿润多雨，多年平均降水量为 1378mm，降水是地下水的主要补给来源。该矿利用疏干巷道排水降压方式进行生产。矿井涌水动态曲线显示出，涌水量的大小取决于降水量，而与巷道积长、回采面积和开采水平加深无明显关系。1980 年，三对有水力联系的矿井（香花台井－100m、黄港井－95m、湖坪井－100m）将于 1981—1985 年分别延深至－300m、－240m、－200m，急需预报 1983—1985 年延深各矿井的涌水量。

计算区的形状很不规则，含水层为非均质，地下水部分是潜水，部分是承压水，部分有河水渗入补给，各疏干巷道间存在着水力联系，巷道延深的水干和时间均不相同。如此复杂的条件，可用有限元法进行预测。

用有限元法计算可分两步：①根据现有巷道的涌水量和观测孔水位拟合，反求参数；

②进行巷道延深时的涌水量预测。

该矿的地下水运动基本上符合达西线性渗透定律，且裂隙岩溶含水层具有双重介质的特点，渗流方程中有滞后项。研究表明，在长期排水中，滞后效应影响很小，可忽略不计，可近似地采用二维多孔介质渗流方程，即

$$\frac{\partial}{\partial x}\left(T\frac{\partial H}{\partial x}\right)+\frac{\partial}{\partial y}\left(T\frac{\partial H}{\partial y}\right)+W=S_T\frac{\partial H}{\partial t} \tag{3-11}$$

其中

$$T=\begin{cases} T & （承压水）\\ K(H-B) & （无压水） \end{cases}$$

$$S_T=\begin{cases} S & （无承压）\\ \mu & （无压区） \end{cases}$$

式中　T——导水系数；

　　　K——渗透系数；

　　　B——含水层底板标高；

　　　S——储水系数；

　　　μ——给水度；

　　　W——补给区单位面积上单位时间的补给量（非补给区为零）；

　　　H——含水层水头。

在计算区东、西面分别有两个、一个第Ⅰ类边界，取该处不受矿山排水影响的泉水和观测孔的水位作为已知水位。其余方向都是隔水边界。内部疏干巷道也作为第Ⅰ类边界。在地下水的补给区划分出 5 个入渗区，由逐步回归分析给出入渗补给系数初值，如图 3-8 中①～⑤所示。

根据地质构造、岩溶发育程度和抽水试验资料，将计算域分成 14 个非均质区、247个结点，剖分成 429 个单元。

1. 反求参数

拟合时间为 1980 年 1 月 1 日—1981 年12 月 31 日，分两个阶段（前 24 个时段，后26 个时段）。因老矿区有系统的流量观测资料，故采用以流量为主、水位为副的全线拟合方法，拟合的结果良好。各井的计算最大流量值与实测最大流量值相比较，有半数的拟合相对误差在 2.5% 下。虽然香花台东大巷误差较大，但绝对误差最大者才 43 m^3/h，对总流量影响不大。

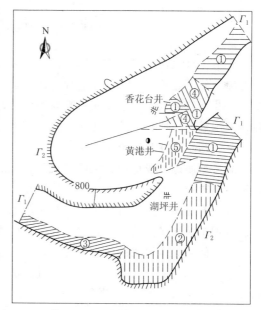

图 3-8　综合入渗分区示意图

根据拟合结果，反求出各区岩层的参数：导水系数 T、给水度 μ 和储水系数 S（数值略）。

2. 矿坑涌水量预报

根据香花台－300m 巷道 1981 年突水资料，建立了每天的水位降幅和日平均降水量之间的回归方程：$S = 0.763 - 0.11W$。式中，S 为日平均降水量。线性相关系数为 -0.803。当显著性水平 $d = 0.01$ 时，相关关系是显著的。据此算出疏干时日水位降幅及巷道上方的第 I 类边界水位，然后计算出涌水量。

降水量丰水年取 1600mm，常水年取 1300mm。预报了连续三年的丰水年和常水年各疏干巷道的涌水量。现将部分矿井的最大涌水量预测结果列入表 3－5。

表 3－5 　　　　　　　　　　预测的最大涌水量表 　　　　　　　　　单位：m^3/h

矿　井	1983 年		1984 年		1985 年	
	常水年	丰水年	常水年	丰水年	常水年	丰水年
香花台井－300m 巷道	2302.0	2559.6	2133.5	2373.0	2223.3	2459.3
湖坪井－200m 巷道			2026.0	2217.4	2486.6	3174.1

预测结果的可靠性验证：时间取 1982 年 1—6 月（共 14 个时段），用实际降水量将部分井巷的预报流量过程线和实测流量过程线相对比，两者是比较接近的。误差值为：香花台井－300m 绝对误差 18.0m^3/h，相对误差 -0.66%；湖坪井－200m 绝对误差 58.1m^3/h，相对误差 -3.19%。全线拟合误差比反求参数时大，但绝大多数不超过 15%，仍能满足要求。预测中虽存在某些问题，但预报的矿坑涌水量基本上是可信的。

第四节　数理统计法

矿山排水实践证明，矿坑涌水量受到多种自然因素与人为因素的综合影响，其间往往没有确定的函数关系，却存在某种统计关系。特别是介质非均质程度高的岩溶充水矿床以及以一些大气降水作为主要充水水源的矿床，建立确定性的水文地质模型存在困难，这时往往采用数理统计分析的方法建立统计模型，来预测矿坑涌水量。

一、基本原理及适用条件

通过地质调查或从已开采矿区得到有关的长期观测资料，运用数理统计法求得矿坑涌水量与主要影响因素之间的统计规律，建立一个变量与另一个（或几个）变量间相应的回归方程，并对该变量进行外推，进行矿坑涌水量预测。

数理统计法最大的优点是在计算过程中避开难以确定的充水岩层的水文地质参数以及一些长时间未完全解决的机理问题，这样也就克服了确定性模型在机理没有基本弄清之前不能进行预测的弱点。严格来讲，统计方法只能用于内插，而不能外推预测，因为统计数据以外的关系形式没有资料作依据，取值范围较小时更是如此。只有从水文地质角度出发，在水文地质条件和机理基本清楚的前提下可做适当的外推，但也不宜用勘探阶段的低强度抽水试验降深值与抽水量做统计分析，来预测涌水量。因此，采用数理统计法预测矿坑涌水量时，为保证方程的合理性和预测精度，一定要注意以下两点：

（1）要有足够的数据和较长的数据系列。对一种统计规律，若数据较少，或者数据系列较短，则可能计算不准确。例如数据系列表现为一直线，若此直线是以很少的数据为基础，那么这一直线关系就很不可靠了；相反，尽管数据很多，但都集中在某一很小的范围内，这一直线仍然是不可靠的。

（2）以定性的机理分析为基础，正确选择相关因子。统计方法所建立的方程必须正确地反映充水条件，忽视条件分析，单凭数学上的推导和检验，有时会得出完全错误的结论。

二、Q-S 曲线外推预测法

数理统计分析根据相关因子的数量可以分为一元相关分析和多元相关分析。Q-S 曲线外推预测法是最常用的一元相关分析法，就是按观测的生产矿坑涌水量（或新矿区勘探时的抽、放水水量）Q 与水位降深 S 之间的函数关系，建立 Q-S 曲线方程，外推未来水位降深时的涌水量。如利用勘探时抽、放水试验资料建立 Q-S 曲线方程，则要求进行三次以上水位降低的抽、放水试验，还要求抽、放水试验的条件能尽量地接近未来的开采条件。此法的优点在于避开了求取各种水文地质参数，计算简便。因此，它适用于水文地质条件复杂，且难以取得有关参数的矿区。

Q-S 曲线外推预测法具体步骤如下。

1. 建立各种类型 Q-S 曲线方程

Q-S 曲线的类型可归纳为四种。对每一类型，均可建立一个相应的数学方程。

（1）直线型 $\qquad\qquad\qquad\qquad Q=aS \qquad\qquad\qquad\qquad\qquad$ （3-12）

（2）抛物线型 $\qquad\qquad\qquad S=aQ+bQ^2 \qquad\qquad\qquad\qquad$ （3-13）

用 Q 除之，则得

$$S_0=a+bQ \qquad\qquad\qquad\qquad （3-14）$$

（3）幂曲线型 $\qquad\qquad\qquad Q=a^b\sqrt{S} \qquad\qquad\qquad\qquad$ （3-15）

取对数，则得

$$\lg Q=\lg a+\frac{1}{b}\lg S \qquad\qquad\qquad\qquad （3-16）$$

（4）对数曲线型 $\qquad\qquad\qquad Q=a+b\lg S \qquad\qquad\qquad\qquad$ （3-17）

2. 鉴别 Q-S 曲线类型

（1）伸直法。将曲线方程以直线关系式表示，以关系式中两个相对应的变量建立坐标系，把从抽水试验（或开采井巷排水）中取得的涌水量和对应的水位降深资料放到表征各直线关系式的不同直角坐标中，进行伸直判别。如其在哪种类型直角坐标中伸直了，则表明抽水（排水）结果符合相应 Q-S 曲线类型。如其在 Q-$\lg S$ 直角坐标伸直了，则表明 Q-S 关系符合对数曲线。余者同理类推。

（2）曲度法。用曲度 n 值进行鉴别，其形式如下：

$$n=\frac{\lg S_2-\lg S_1}{\lg Q_2-\lg Q_1} \qquad\qquad\qquad\qquad （3-18）$$

式中 $\quad Q$、S——同次抽水的水量和水位降。

当 $n=1$ 时，为直线；$1<n<2$ 时，为幂曲线；$n=2$ 时，为抛物线；$n>2$ 时，为对数曲线。如果 $n<1$，则抽水资料有误。

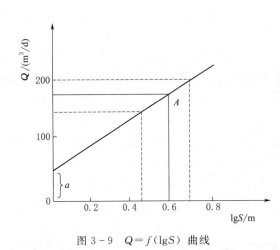

图 3-9 $Q=f(\lg S)$ 曲线

3. 确定方程参数 a、b，外推预计降深时的涌水量

（1）图解法。利用相应类型的直角坐标系图解进行测定。参数 a 是各直角坐标系图解中直线在纵坐标上的截距长度；参数 b 是各直角坐标系图解中直线对水平倾角的正切。如图 3-9 所示为 $Q=f(\lg S)$ 曲线，从图中求得 $a=50$；为求 b 值，在直线上取 A 点，得 $\lg S_A=0.6$，$Q_A=170$，则

$$b=\frac{Q_A-a}{\lg S_A}=\frac{170-50}{0.6}=200$$

（2）最小二乘法。当精度要求较高时，通常用最小二乘法获取参数 a、b，公式如下：

抛物线方程
$$\left. \begin{aligned} b&=\frac{N\sum S-\sum S\sum Q}{N\sum Q^2-(\sum Q)^2}\\ a&=\frac{\sum S-b\sum Q}{N} \end{aligned} \right\} \tag{3-19}$$

幂曲线方程
$$\left. \begin{aligned} \frac{1}{b}&=\frac{N\sum(\lg Q\lg S)-\sum\lg Q\sum\lg S}{N\sum(\lg S)^2-(\sum\lg S)^2}\\ \lg a&=\frac{\sum\lg Q-\dfrac{1}{b}\sum\lg S}{N} \end{aligned} \right\} \tag{3-20}$$

对数曲线方程
$$\left. \begin{aligned} b&=\frac{N\sum(Q\lg S)-\sum Q\sum\lg S}{N\sum(\lg S)^2-(\sum\lg S)^2}\\ a&=\frac{\sum Q-b\sum\lg S}{N} \end{aligned} \right\} \tag{3-21}$$

式中 N——降深次数。

直线方程中，q 为单位降深涌水量，可根据抽（放）水最大降深资料 $q=Q_大/S_大$ 求得。求出有关的方程参数后，将它和疏干设计水位降深 S 值代入原方程式，即可求得预测涌水量。

4. 换算井径

当用抽水试验资料时，因钻孔孔径远比开采井筒直径小，为消除井径对涌水量的影响，需换算井径。

地下水呈层流时

$$Q_井=Q_孔\frac{\lg R_孔-\lg r_孔}{\lg R_井-\lg r_井} \tag{3-22}$$

地下水呈紊流时

$$Q_井=Q_孔\sqrt{\frac{r_井}{r_孔}} \tag{3-23}$$

【实例5】 江西省某铅锌矿是以构造裂隙含水层充水的矿床，此含水层涌水量不受季节性变化影响，与地表水、第四系孔隙水和基岩风化带风化裂隙水无明显水力联系，水文地质条件为简单偏中等。

本矿静止水位标高93.2m，在开拓标高－40.0m的水平大巷之前，在水平大巷正上方位置布置了三个水文地质试验孔组成的孔组，并且三个水文地质试验孔基本控制了标高－40.0m水平大巷的范围。经过水文地质抽水试验得到的资料如下：

$$S_1=37m \qquad Q_1=2.28m^3/min$$
$$S_2=73m \qquad Q_2=3.42m^3/min$$
$$S_3=110m \qquad Q_3=4.14m^3/min$$

根据矿区的水文地质条件和抽水试验条件，该矿区矿坑涌水量的预测选用 $Q=f(S)$ 关系曲线法较为合理。

对抽水试验数据初步处理见表3-6。

表3-6　　　　　　　　　数据初步处理

lgS		lgQ	
lgS_1	1.57	lgQ_1	0.36
lgS_2	1.86	lgQ_2	0.53
lgS_3	2.04	lgQ_3	0.62

用曲度法判别，即

$$n_1=\frac{lgS_2-lgS_1}{lgQ_2-lgQ_1}=\frac{1.86-1.57}{0.53-0.36}=1.7$$

$$n_2=\frac{lgS_3-lgS_2}{lgQ_3-lgQ_2}=\frac{2.04-1.86}{0.62-0.53}=2$$

$$n_3=\frac{lgS_3-lgS_1}{lgQ_3-lgQ_1}=\frac{2.04-1.57}{0.62-0.36}=1.8$$

由上面结果综合判断，曲线类型应属幂曲线型。

用最小二乘法求待定系数，得

$$\frac{1}{b}=\frac{N\sum(lgQlgS)-\sum lgQ\sum lgS}{N\sum(lgS)^2-(\sum lgS)^2}=0.59$$

$$lga=\frac{\sum lgQ-\frac{1}{b}\sum lgS}{N}=-0.57$$

代入幂曲线方程，得

$$lgQ=-0.57+0.59lgS$$

由于三个水文地质试验孔基本控制了标高－40.0m的水平大巷，故疏干该大巷水位下降 $S=93.2-(-40)=133.2$（m），则预测涌水量为

$$lgQ=-0.57+0.59lg133.2$$
$$Q=4.82(m^3/min)$$

第五节 水 均 衡 法

一、计算原理

水均衡法是根据水均衡原理，在查明矿床开采时水均衡各收入、支出项之间关系的基础上建立水均衡方程，以预测矿坑涌水量。该方法适用于一些位于分水岭地段裸露型充水矿床、暗河管道充水矿床以及处于独立水文地质单元的矿床和露天采场。由于水均衡法能在查明有保证的补给源情况下，确定出矿床充水的极限涌水量，因此，可作为论证其他计算方法成果质量的一种依据。

二、分水岭地段裸露型充水矿床最大涌水量预测

湖南某铁矿位于当地侵蚀基准面以上裸露的山岭斜坡上，矿层顶板主要充水层为强岩溶化的上泥盆系马牯脑灰岩。矿区具分水岭裸露充水矿床的各项基本特征，开采条件下的水均衡关系极为简单，适用水均衡法预测其单位时间内的矿坑最大涌水量 Q_{max}。它取决于均衡域或补给区面积 F 范围内雨季峰期时间 T 的降雨补给强度 q_0，即

$$Q = Fq_0 \tag{3-24}$$

q_0 可以用峰期旋回降水量 X 乘以地下径流系数 f 和峰期系数 φ，除以 T 表示，即

$$q_0 = \frac{Xf\varphi}{T} \tag{3-25}$$

φ 为峰期涌水量占旋回涌水量的百分数。预测年或多年雨季矿坑最大涌水量 Q_{max} 的水均衡式可写成

$$Q_{max} = \frac{FXf\varphi}{T} \tag{3-26}$$

从预测效果分析，峰期时间 T 的取值越短，则 φ 值越小，但获得的矿坑最大涌水量 Q_{max} 值越大。因此，应根据矿山的服务年限，选择最大降水旋回，根据最大降水旋回期间暴雨的分布特征及其与矿坑最大涌水量延续时间的关系，谨慎地确定峰期时间 T 值。多年最大涌水量是以当地气象站所记录的最大暴雨强度所计算的涌水量。根据我国南方某些岩溶充水矿区的资料，多年最大涌水量一般出现在旋回降水量 X 不低于 80mm 与 40mm，降雨高峰的暴雨强度达 40mm/h 与 20mm/h 以上时，φ 一般为 9%～31%。φ 值的确定应在矿区汇水范围内水均衡条件的基础上，通过坑内泉流量和沟谷地表汇流等观测资料获取。对湖南某分水岭地段裸露铁矿用峰期系数进行多年与年最大涌水量预测，见表 3-7。

表 3-7　　　　　　　　　峰值系数法预测矿坑最大涌水量

区段	F/m^2	涌水量类型	X/mm	$F/\%$	$\varphi/\%$	T/h	$Q_{max}/(m^3/h)$
北区	864 656	多年	100	35.8	21.0	4	1610
		年	60				966

三、暗河管道充水矿床最大涌水量预测

湖南某多金属矿位于湘江河珠江流域分水岭地段的大型溶蚀洼地分布区。矿体赋存于上泥盆系灰岩及泥灰岩中，境内地下暗河、漏斗、落水洞等发育。暗河分布在当地侵蚀基

准面（455m 标高）以上的 550m、535m、480m 三个高程上，构成矿床充水的主要通道，为高位暗河顶板直接充水的矿床。

（1）矿床充水的主要特点。在枯水期与平水期，暗河排泄地下水，具明渠特点；在洪水期，暗河则补给地下水，具管道流特征；暗河水动态受降水量和降水强度影响；矿坑涌水量以瞬时涌水为主，雨后数小时矿坑水暴涨暴落；矿坑涌水强度与暗河的汇水面积、降水强度及连通性有关。

（2）水均衡法的应用。根据上述特点，建立如下 Q_{max} 预测公式：

$$Q_{max} = FXf\varphi \qquad\qquad (3-27)$$

式中 F——暗河汇水面积，km^2；

X——暴雨强度，mm/h；

f——地下径流系数；

φ——暗河充水系数。

暗河充水系数 φ 为暗河灌入矿坑涌水量 $Q_{充}$ 与暗河流量 $Q_{暗}$ 的比值。φ 可根据老窑或邻近水文地质条件相似的生产矿井现测资料分析确定，一般为 $20\% \sim 50\%$，也可通过暗河储存量的测定，结合对充水条件的分析得到，即

$$\varphi = \frac{Q_{进} - Q_{出}}{Q_{进}} \qquad\qquad (3-28)$$

式中 $Q_{进}$——暗河进口处流量，m^3/h；

$Q_{出}$——暗河出口处流量，m^3/h。

运用以上公式计算出多年（$10 \sim 20$ 年出现一次）和年最大涌水量，见表 3-8。

表 3-8 暗河充水系数法预测矿坑最大涌水量

F/m^2	涌水量类型	$X/(mm/h)$	$f/\%$	$\varphi/\%$	$Q_{max}/(m^3/h)$
922500	多年	80	90	50	33000
	年	45			18700

四、露天矿坑涌水量预测

露天采矿场涌水量计算如图 3-10 所示。在以大气降水为主要补给来源的条件下，露

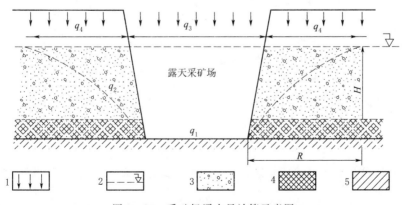

图 3-10 采矿场涌水量计算示意图

1—降水渗入；2—排水前水位；3—含水层；4—矿层；5—隔水层

天采矿活动的涌水量 Q 将由两部分组成：以采矿场为中心的降落漏斗范围内含水层被疏干部分的水量 Q_1 和大气降水渗入补给量 Q_2。含水层被疏干部分的水量 Q_1 又可分为 q_1 和 q_2 两部分，即 $Q_1=q_1+q_2$。

q_1 为露天采矿场内含水层被流干部分的水量，可由下式求得

$$q_1=\frac{W}{t}=\frac{V\mu}{t}=\frac{FH\mu}{t} \tag{3-29}$$

式中　W——采矿场内含水层被疏干部分的水量，m^3；

　　　V——采矿场内被剥离含水层的体积，m^3；

　　　μ——含水层给水度；

　　　F——采矿场内被剥离含水层的面积，m^2；

　　　H——含水层平均厚度，m；

　　　t——疏干时间，d。

q_2 为降落漏斗范围内（不包括采矿场）含水层被疏干部分的水量，可由下式求得

$$q_2=\frac{HRL\mu}{3t} \tag{3-30}$$

式中　R——降落漏斗的半径（由采矿场边缘算起），m；

　　　L——降落漏斗边缘的周长，m；

　　　其他符号意义同前。

大气降水渗入补给量 Q_2 也可分为 q_3 和 q_4 两部分，即 $Q_2=q_3+q_4$。

q_3 为直接降至采矿场内的水量，可由下式求得

$$q_3=\frac{AF}{t} \tag{3-31}$$

式中　A——地区年平均降水量，mm，在计算时应换算为，m；

　　　F——露天采矿场面积，m^2；

　　　t——疏干时间（一年的日数）。

q_4 为采矿场外、降落漏斗范围以内的降水渗入补给量，可由下式求得

$$q_4=\frac{FAa}{t} \tag{3-32}$$

式中　F——采矿场外围集水面积（不包括采矿场），m^2；

　　　a——大气降水渗透系数；

　　　其他符号意义同前。

根据上述情况，露天采矿场总涌水量应为

$$Q=Q_1+Q_2=q_1+q_2+q_3+q_4 \tag{3-33}$$

另外，除降水补给外，若还有地表水补给时，地表水的补给量 q_5 可按下式求得

$$Q_5=q_A+q_B \tag{3-34}$$

式中　q_A——河流流入矿区地段的流量，m^3/d；

q_B——河流流出矿区地段的流量，m^3/d。

在这种条件下，露天采矿场的总涌水量为

$$Q = q_1 + q_2 + q_3 + q_4 + q_5 \qquad (3-35)$$

【实例6】 某矿区设计露天开采煤矿，已查明地下水主要补给来源为大气降水，含水层平均厚度 $H = 10m$，含水层给水度 $\mu = 0.3$，露天开采面积为 $2 \times 10^5 m^2$，采矿场外围降落漏斗周长 $L = 2000m$，排水时，影响半径 $R = 300m$；露天开采的外围集水面积（不包括开采范围）$F = 2.5 \times 10^6 m^2$；矿区年平均降水量 $A = 1000mm$，降水渗透系数 $a = 0.05$；设计疏干时间 t 为一年（365d），求露天矿的总涌水量（参阅图3-10）。

由上述可知，在以大气降水补给为主的矿区，流入采矿场的涌水量即包括降落漏斗范围内含水层被疏干部分的水量 Q_1 和大气降水渗入补给量 Q_2 两部分。

Q_1 又包括 q_1 和 q_2，露天开采范围内疏干含水层的水量 q_1，可由公式求得，即

$$q_1 = \frac{FH\mu}{t} = \frac{2 \times 10^5 \times 10 \times 0.3}{365} = 1643.8 (m^3/s)$$

降落漏斗范围内疏干含水层的水量 q_2，可按公式求得，即

$$q_2 = \frac{HRL\mu}{3t} = \frac{10 \times 300 \times 2000 \times 0.3}{3 \times 365} = 1643.8 (m^3/d)$$

Q_2 包括 q_3 和 q_4，直接降入露天范围内的水量 q_3，可由公式求得，即

$$q_3 = \frac{AF}{t} = \frac{1 \times 2 \times 10^5}{365} = 547.9 (m^3/d)$$

露天开采范围外降水渗入量 q_4，可由公式求得，即

$$q_4 = \frac{FAa}{t} = \frac{2.5 \times 10^6 \times 1 \times 0.05}{365} = 342.5 (m^3/d)$$

则露天开采区内总涌水量为

$$Q = Q_1 + Q_2 = q_1 + q_2 + q_3 + q_4$$
$$= 1643.8 + 1643.8 + 547.9 + 342.5 = 4178 (m^3/d)$$

第六节 水文地质比拟法

一、基本原理

水文地质比拟法是以相似比拟理论为基础建立起来的，一般是在整理生产矿井排水和某些开采资料的基础上，求得某些真实的矿井水文地质指标并作为比拟因子进行预测的。因此，首要的是要求比拟地段的水文地质条件与预测地段的水文地质条件相似，在此基础上，才能用已知的相似水文地质条件的生产矿区的地下水和开采资料，预测相似水文地质条件的新勘探矿区的涌水量。

由于水文地质条件完全相似的矿区是少见的，再加上开采条件的差异，故它只是一种近似计算方法。但从国内外经验看，只要比拟关系式建立得符合客观规律，尚不失为一种

较准确的方法，应予以足够重视。

二、富水系数比拟法

富水系数比拟法是根据矿坑涌水量随开采矿量的增长而增大的规律建立的。富水系数是一定时期内从矿井排出的总水量 Q_0 与同期内的开采矿量 P_0 之比，以 k_P 表示，即

$$k_P = \frac{Q_0}{P_0} \qquad (3-36)$$

预测时将生产矿井的 k_P 值乘以同时期新矿井的设计开采量 P，即得设计井涌水量 Q

$$Q = k_P P \qquad (3-37)$$

不同矿山的 k_P 值变化范围很大，小者可接近零，大者达 113。它不仅取决于矿区的自然条件，还与开采条件有关；在高速开掘的矿山中，k_P 值可显著变小。故采用此法时，还要求两矿区的开采条件相似。

【实例 7】 李村煤矿为山西潞安集团新建矿井，位于潞安矿区西部煤层深埋区。预测李村的稳定富水系数是 $0.3 \sim 0.5 \text{m}^3/\text{t}$，取 $0.35 \text{m}^3/\text{t}$。李村煤矿设计产能为 500 万 t/a，以首采工作面及准备工作面投产后 $2 \sim 3$ 年将达设计生产能力的 50% 计，将以 250 万 t 年生产能力预计矿井涌水量

$$Q = k_P P \times \frac{10^4}{365} = 0.35 \times 250 \times \frac{10^4}{365} = 2397 (\text{m}^3/\text{d})$$

三、单位涌水量比拟法

开采面积 F_0 和水位降深 S_0 通常是矿坑涌水量 Q_0 增大的两个主要因素。根据相似矿井有关资料求得的单位涌水量平均值 q_0，常作为预测新矿井在某个 F 和 S 条件下涌水量的依据。

当生产矿坑的涌水量随开采深度和开采面积的增加呈线性增加时，可以认为单位涌水量保持一个常数，这时采用以下公式计算：

$$q_0 = \frac{Q_0}{F_0 S_0} \qquad (3-38)$$

比拟式则为

$$Q = q_0 FS = Q_0 \frac{FS}{F_0 S_0} \qquad (3-39)$$

在许多情况下，矿坑涌水量与开采面积和水位降深之间不呈线性关系，这时需要根据实践经验和生产矿井的资料，对式（3-38）进行修正，即

$$q_0 = \frac{Q_0}{F_0^m S_0^n} \qquad (3-40)$$

比拟式为

$$Q = q_0 F^m S^n = Q_0 \left(\frac{F}{F_0}\right)^m \left(\frac{S}{S_0}\right)^n \qquad (3-41)$$

式中 m、n——待定系数，依矿井的不同条件而异，可根据经验通过计算或曲线拟合确定。

【**实例 8**】 某矿区有一生产矿井，开采面积 $F_0 = 6 \times 10^5 \text{m}$，已知水位降深 $S_0 = 15 \text{m}$，据观测获得：该矿坑涌水量 $Q_0 = 240 \text{m}^3/\text{h}$，且涌水量与开采面积及水位降深比值的 $1/2$ 次方成正比。根据生产发展，决定在水文地质条件基本相同的深部地段再建一新矿井，设计开采面积 $F = 9 \times 10^5 \text{m}$，设计水位降深 $S = 40 \text{m}$，求新建矿井的涌水量 Q。

根据题意，可选用以下公式进行计算：

$$Q = Q_0 \left(\frac{F}{S}\right)^{1/2} \left(\frac{S_0}{F_0}\right)^{1/2}$$

将数据代入上式，即得

$$Q = 240 \times \left(\frac{9 \times 10^5}{40}\right)^{1/2} \times \left(\frac{15}{6 \times 10^5}\right)^{1/2} = 180(\text{m}^3/\text{h})$$

第四章 矿井突水及其防治技术

第一节 矿井突水类型与特征

一、矿井突水及分类

矿井突水是指煤矿在正常生产建设过程中突然发生的来势凶猛的涌水现象。正常涌水不会影响生产，一旦发生突水，超过正常排水能力，将对人民的生命和财产安全造成巨大的威胁。因此，矿床水文地质人员把预测和防治矿井突水作为主要任务之一。

综合已有突水资料得知，突水现象和过程一般为：开始时，工作面顶底板显现压力增大，出现折梁、断柱、巷道变形、顶板下沉、底板鼓起等现象；随"顶沉"和"底鼓"，在工作面顶底变形带周围产生小裂隙，从裂隙中向外渗水；继续"沉、鼓"，沿裂隙出小水，色黄并带出泥质物；顶底进一步变形，裂隙加宽，水量变大，水色变混，携出物更粗；顶底板变形速度加快，有的矿区可听到似雷鸣般的岩石破裂声，有的裂隙出风；接着大出水，水量快增，迅速达峰值，多数会携带出岩块、碎屑等物质。

矿井突水按不同的原则，有各种不同的分类。

(1) 按采掘方式分类：掘进巷道突水、掘进工作面突水、回采工作面突水与井筒突水。

(2) 按突水时间分类：突发性突水和滞后性突水。突发性突水，突水量大，很快达到峰值，常伴有岩块泥砂冲出；滞后性突水，突水量由小变大，达到峰值有段滞后时间。

(3) 按突水量大小分类：特大型突水指流量大于 $50m^3/min$ 的突水；大型突水指流量大于 $20m^3/min$ 且小于等于 $50m^3/min$ 的突水；中、小型突水指流量大于 $5m^3/min$ 且小于等于 $20m^3/min$ 的突水。

(4) 按岩体结构分类：断层（破碎带）突水、陷落柱突水、裂隙岩体突水、完整结构岩体突水。

(5) 按突水水源分类：奥灰水、薄层灰岩水、冲积层水、地表水、老空水。

(6) 按构造分类：构造突水和非构造突水。据统计，采掘面突水，有 $80\%\sim90\%$ 与断层或褶皱构造有关。

二、不同水源的突水特征

矿井突水后，应仔细观察突水点及周围情况，包括出水点位置，周围地质情况，巷道压力以及水的气味、颜色、声音、水压、水温及水中携带的物质。不同水源的突水现象及突水特征见表 4-1。

表 4 - 1   不同水源的突水现象及突水特征

水源	突水地点	突水现象	突水特征
地表洪水	井筒或浅部老空	井筒灌水,水势迅猛	水浑浊,含砂土量高
地表水	浅部采掘区,水从顶板出	顶板压力增大,先出现淋水,黄泥及沙,与地面冒通后水量猛增,其势迅猛	水浑浊,含砂量较大。如水源少,会很快疏干;如水源丰富,则水量很难下降直至淹井
冲积层水	回采工作面,水从顶板出	顶板压力增大,先出现淋水,放顶后水量突然增大	水浑浊,一般水量不大,出水点多且分散,往往涌砂或流沙水溃入井巷,水势迅猛。水型常为 $HCO_3 \cdot Cl - Ca$ 型
顶板水	回采工作面,水从顶板出	顶板压力增大,先出现淋水,放顶后水量突然增大,经常伴有冒顶、垮面现象	冒顶前后为清水,冒顶时出现混水。水源不丰富时水量很快下降,水源丰富时水量很快稳定,延续时间长。水源为煤系沙岩水时常为 $HCO_3 - Na$ 型;为煤系薄层灰岩水时常为 $SO_4 \cdot HCO_3 - Ca$ 型
老空水	掘进工作面	一般都在打眼放炮时发生突水,往往为突发性,非常迅猛,破坏性大	H_2S 气体含量高,水涩,水中有机物含量高,化验有负硬度,耗氧量大。水量视老空大小而异,疏干时间短。水型常为 $SO_4 - Ca$ 或 $SO_4 \cdot HCO_3 - Ca$ 型
钻孔水	掘进工作面遇封闭不良的钻孔	接近钻孔时煤壁发潮,揭露后水量集中涌出,水量视穿透的含水层的富水性与水压大小而定	先出混水,以后水变清,水量一般在 $10 m^3/min$ 以下
断层及陷落柱水	采掘工作面,断层陷落柱附近	一般为底部灰岩岩溶水突破断层带或陷落柱。先出小水后出大水	断层出水时,水量有大有小,若无其他水源,水量很小,多为清水;若有丰富的含水层水补给,则瞬时涌水量大,往往为混水,水势迅猛,水压大,涌水量稳定,并常夹带大量泥沙或岩块等;陷落柱突水有大小之分,大者迅猛异常,突水量很大至特大($20 \sim 53 m^3/min$),水压大并夹带大量泥沙,无法疏干
底板灰岩岩溶水	采掘工作面,水从底板涌出	底板压力增大,出现底鼓,突破地板后,涌水量大,其势迅猛,破坏性大。亦有迟到突水情况	突水初期,若水小时则为清水,水量逐渐增大;若初期水量很大时,则为混水,往往携带大量岩石碎块、泥沙或黄泥突出后,渐变清水。也有一开始为清水的,水量大而水势迅猛,水压大,涌水量十分稳定。当岩溶水径流条件较好时常为 $HCO_3 - Ca \cdot Mg$ 型

三、突水征兆分析

矿井突水是因为井下采掘活动破坏了岩体天然平衡,采掘工作面周围水体在静水压力和矿山压力作用下,通过断层、隔水层和矿层的薄弱处进入采掘工作面。矿井突水现象的发生与发展是一个逐渐变化的过程,其显现的快慢与工作面具体位置、采场地质情况、水压力和矿山压力有关。从采掘工作面及其附近显示出某些异常现象,这些异常统称突水征兆。识别和掌握这些预兆,可以及时采取应急措施,撤离险区人员,防止伤人事故。常见的突水征兆如下:

(1)煤壁挂红。在通过煤层或岩层裂隙时,若发现暗红色水锈(铁的氧化物)附着在裂隙表面。一般认为巷道已接近老空积水区。

（2）煤壁挂汗。采掘工作面接近积水区时，水在自身压力下，通过煤岩裂隙而在煤壁、岩壁上聚成很多水珠，称为挂汗。遇到挂汗时，应注意观察煤、岩的新鲜面是否潮湿，如果潮湿，则是透水征兆。

（3）空气变冷。工作面接近积水区时，气温骤然下降，煤壁发凉，人一进入便有阴冷的感觉，时间越长就越感阴凉。但有地热问题的矿井，地下水温高，当掘进工作面接近时，温度反而升高。

（4）发生雾气。当巷道内温度很高时，积水渗到煤壁后蒸发而形成雾气。

（5）水叫声。若在煤壁、岩层内听到"嘶嘶""闷雷"等声音，这是由于井下高压积水向煤岩裂缝强烈挤压与两壁摩擦而发出的声响，说明离水体不远，即将发生突水。这时必须立即发出警报，撤出所有受水威胁地点的人员。

（6）顶板来压，产生裂缝，出现淋水。如果水体在顶板之上，由于水体压力和矿山压力的共同作用，顶板出现裂缝和淋水，而且淋水越来越大，表明即将突水。

（7）底板鼓起。底鼓有两种原因：一种是底板承压含水体静水压力和矿山压力共同作用的结果，甚至有压力水喷射出来，这是突水征兆；另一种是受矿山压力单方面作用而产生底鼓，一般不突水。若是前种原因，须采取紧急措施，先在底鼓地段铺设密集地梁，打木垛控制底鼓发展；在底鼓基本被控制情况下，可在底鼓地段外侧打钻孔放水泄压。

（8）接近冲积层开采工作面压力明显增大。顶板来压、片帮，局部冒顶或冒顶次数增加，有淋水或水中有沙，应考虑有溃水、溃砂的可能。

四、煤层底板突水机理及类型

采煤形成采空区后，煤层底板因上覆卸荷而发生应力释放，会形成卸荷裂隙。如果底板卸荷裂隙范围内不存在含水层或无通道（如导水断裂等）连接含水层，则发生采煤突水可能性较小；如果底板卸荷裂隙范围内存在含水层或可导通连接含水层，则发生突水可能性较大，此时决定突水程度的因素主要是"下三带"裂隙通道的发育情况和含水层水压大小。

煤层底板突水包括原生通道突水和次生通道突水。原生通道指底板水文地质结构存在与水源沟通的固有的富水和强渗通道，当采掘工程揭穿时，即可能发生突水。次生通道指底板中不存在这种固有的强渗通道，但在工程应力、地壳应力及地下水的共同作用下，沿袭底板岩体结构和水文地质结构中有的薄弱环节发生变形、破坏，形成新的贯穿性强渗通道而诱发突水。

采场底板突水规律可概括为空间规律和时间规律。空间规律包括：①采场底板突水常发生在矿山压力最大的老顶第一、第二次来压和"收作线"附近；②矿山压力局部集中地段，如局部煤柱、悬顶处、两个同时采面应力叠加处等地段易突水；③采掘面、切眼、巷道交叉处等剪应力较大的点易突水。时间规律包括：①老顶第一、第二次和周期来压的时段；②地下水位达到峰值的时间。

底板突水机理具有多样性，是指在不同的地质及水文地质条件下，采动破坏和水压破坏表现出不同的空间组合特征。底板突水机理的多样性反映了地质及水文地质条件的变化对底板突水诸多方面影响。根据现场统计的突水事件，归纳出以下几种突水类型（图4-1）：

（1）存在切割底板隔水岩层的导水断层，如图4-1（a）所示。

（2）断层虽然切割底板隔水岩层，但天然状态下断层不导水，当断层带存在水压影响的扩展效应时，水压破坏向上扩展与采动破坏相沟通，如图4-1（b）所示。

（3）底板隔水岩层厚度很小时，底板高承压含水层水压很大，水压破坏、采动破坏相连通，如图4-1（c）、（d）所示。

（4）断层切割底板岩层，但断层带不存在水压影响的扩展效应。当底板隔水岩层厚度偏小时，水压破坏、采动破坏相互连通，如图4-1（e）所示。

（5）底板隔水层厚度较大，但深部岩体岩性差，水平应力低但水压很高，造成底板承压水导升、越流透水，如图4-1（f）所示。

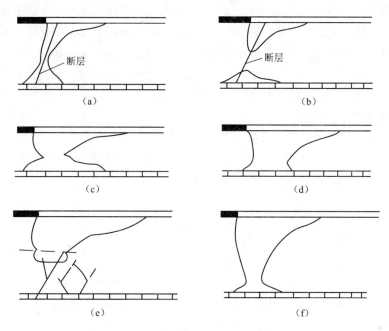

图4-1 几种典型的底板突水类型

第二节 矿 井 突 水 预 报

一、巷道突水极限值理论

1. 采场围岩的受力分析

造成巷道突水的力源有以下几种：

（1）静水压力。越向深处开采，承受的静水压力一般越大，突水概率越高。含水层的富水性是底板突水发生的内因，决定着突水量的大小及其稳定性；静水压力则是底板突水的基本动力。

（2）动水压力。一般在岩层透水性强的地段，地下水流量大，具有较大的动能和较强的冲力。在动水冲刷下，围岩空隙中的物质易被携带出去。

（3）矿山压力（简称矿压）。它能破坏采场围岩，降低其隔水能力，在矿山应力集中的地方易发生突水现象。矿压主要是在隔水层上部形成矿压破坏带，直接影响隔水层的有效厚度，为突水的发生创造条件。矿压对隔水层的破坏有时间滞后效应：①回采工作面：

一般滞后时间较短，突水前常有工作面压力增大或产生底鼓、裂缝的过程；②掘进工作面：滞后时间较长，突水一般发生在掘进后1～2年或更长时间。

（4）地应力（现代和残余构造应力）。现代应力集中的表现形式主要是产生地震。残余构造应力集中的地段主要在向斜轴部、褶皱倾没端及其转折点、较大断层的尖灭处。在水平构造运动剧烈和深部采矿的情况下，地应力将起重要作用。

通常，矿山压力和水压力是破坏采场围岩、造成突水的主要应力，它们随采掘工作面的推进而加大。水压大小和隔水层的稳定性是决定底板能否突水的一对基本矛盾。水压为主，底板下没有承压含水层或承压力水的水头低于煤层底板，隔水层不稳定也不会造成底板突水；如果底板下含水层具有一定的水压，隔水层的稳定性就成了控制底板突水的决定因素。当水压和隔水层的稳定性处于相对平衡时，构造（主要是断裂）和矿压的作用将促使矛盾由不突水向突水转化。当自然条件下的水压与受构造影响削弱的隔水层稳定性处于相对平衡状态时，矿压则成为诱发底板突水的主要因素。地应力大时，更会加剧底板突水的发生。

2. 巷道底板及顶板的突水预报

除矿床本身含水者外，通常都将开拓井巷开挖在隔水围岩之中。一旦开始挖掘，便破坏了承压含水层的静水压力 $H_实$、隔水层的重力 γt 及其抗张强度 κ_P 间的天然平衡，在井巷周围产生"矿山压力"现象。这时，巷道顶底板的受力情况类似于两端固定、均布荷重的梁（图 4-2）。

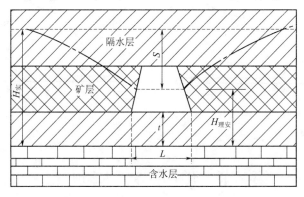

图 4-2　安全水压值和最小安全厚度与含水层实际水压值关系示意图

В·Д·斯列萨列夫按梁和强度理论，得出底板与顶板突水极限值理论公式为

底板
$$H_{理安}=2\kappa_P\frac{t^2}{L^2}+\gamma t \tag{4-1}$$

顶板
$$H_{理安}=2\kappa_P\frac{t^2}{L^2}-\gamma t \tag{4-2}$$

式中　$H_{理安}$——巷道隔水底顶板理论安全水压值，Pa；

　　　κ_P——底板或顶板隔水层抗张强度，Pa，可根据试验或巷道突水资料确定；

　　　γ——底板或顶板隔水层容重，N/cm³，可由试验确定；

　　　L——巷道宽度，m；

　　　t——底板或顶板隔水层厚度，m。

综合式（4-1）及式（4-2），得

$$H_{理安} = 2\kappa_P \frac{t^2}{L^2} \pm \gamma t \qquad (4-3)$$

将式（4-3）与巷道隔水底板或顶板承受的实际水压值 $H_{实}$ 相比较，若 $H_{实} \leqslant 2\kappa_P \frac{t^2}{L^2} \pm \gamma t$，底板或顶板是安全或极限平衡的；若 $H_{实} > 2\kappa_P \frac{t^2}{L^2} \pm \gamma t$，则底板或顶板会被水破坏而突水。

可由式（4-3）导出底板及顶板的抗静水压力理论最小安全厚度，计算式为

$$t_{理底} = \frac{L(\sqrt{\gamma^2 L^2 + 8\kappa_P H_{实}} - \gamma_L)}{4\kappa_P} \qquad (4-4)$$

$$t_{理顶} = \frac{L\sqrt{\gamma^2 L^2 + 8\kappa_P H_{实}} + \gamma L}{4\kappa_P} \qquad (4-5)$$

将式（4-4）或式（4-5）计算出来的理论最小安全厚度与隔水层实际厚度（$t_{实}$）相比较，就可做出巷道能否突水的预测。若 $t_{理底}$ 或 $t_{理顶} \leqslant t_{实}$，则安全或达极限平衡；若 $t_{理底}$ 或 $t_{理顶} > t_{实}$，则可能突水。

3. 巷道侧向突水预测

В·Д·斯列萨列夫还用同样的理论，导出了求巷道前方或侧帮防止突水的隔水层安全宽度公式（图4-3）：

$$P_{理安} = \frac{4}{3}\kappa_P \frac{a^2}{L^2} \qquad (4-6)$$

式中　$P_{理安}$——前方或侧帮承受含水层的静水压力，Pa；

　　　L——巷道高度，m；

　　　a——前方或侧帮隔水层或矿柱的宽度，m；

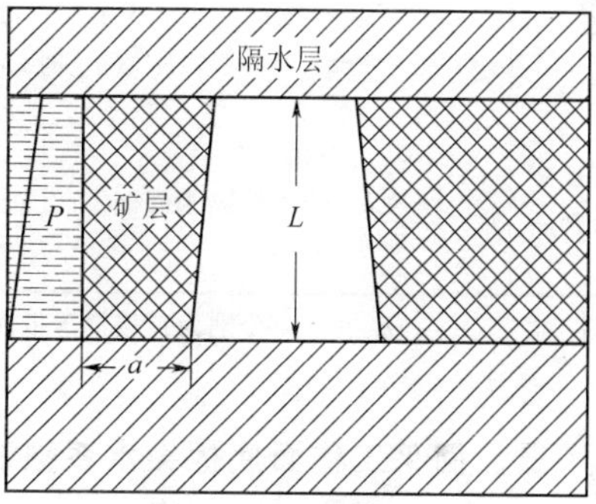

图4-3　巷道侧方承受静水压力示意图

　　　κ_P——隔水层或矿柱的平均抗张强度，Pa。

当实际水压值 $P_{实} \leqslant P_{理安}$ 时，则是安全或极限平衡的；若 $P_{实} > P_{理安}$，则水压将破坏隔水层或矿柱而突水。

若把 $P_{实}$ 值代入式（4-6），即可算出前方或侧帮应留隔水层或矿柱的安全宽度

$$a = 0.5L \sqrt{\frac{3P_{实}}{\kappa_P}} \qquad (4-7)$$

二、回采工作面顶底板突水综合分析法

回采突水的时间与空间具有一致性，在正常地质条件下，多发生在老顶第一、第二次和周期来压的位置上和该时段内，以及临近"采完"地段与临近采完的时间内。除正常来压可造成突水外，在矿山压力局部集中地段，如在矿柱、悬顶处及两个采面应力叠加地带等处，也易造成突水。结合矿区地质条件与表4-2中所列标准进行对比，可用于判断（预测）顶底板是否会突水。

表 4 - 2　　　　　　　　　　　　　**顶底板可能突水判断标准**

顶板突水判断					
	厚为 H' 无第四系覆盖的基岩				$H'\leqslant h_{\text{I}}$，水（砂）溃入井下
					$H'\leqslant h_{\text{II}}$，水（砂）由灌入到渗入井下
					$H'>h_{\text{III}}+h_{\text{II}}$，安全
					$H'=h_{\text{I}}+h_{\text{II}}$，临界
					$H'<h_{\text{I}}+h_{\text{II}}$，危险（渗入）
	厚为 H' 的基岩被厚为 H'' 的第四系松散沉积物覆盖	第四系底部有隔水层	隔水层较薄时	冒落带	$H'>h_{\text{I}}$，可能安全
					$H'=h_{\text{I}}$，渗入—临界
					$H'<h_{\text{I}}$，渗入—灌入
				导水裂缝带	$H'>h_{\text{I}}$，安全
					$H'=h_{\text{I}}$，临界
					$H'<h_{\text{I}}$，可能渗入
			隔水层较厚时	冒落带	$H'<h_{\text{I}}$，可能渗入—不渗
					$H'\geqslant h_{\text{I}}$，安全
				导水裂缝带	安全
		含水层直接与基岩接触时，基本情况与无第四系覆盖的基岩相同；但当第四系厚度 $H''\gg h_{\text{II}}$ 时，可不考虑 h_{II} 的影响			
底板突水判断	厚为 h'_{IV} 的天然隔水底极				$h'_{\text{IV}}>h_{\text{IV}}$，安全
					$h'_{\text{IV}}=h_{\text{IV}}$，临界
					$h'_{\text{IV}}<h_{\text{IV}}$，可能突水

注　h_{I}、h_{II}、h_{III} 和 h_{IV} 分别为顶板冒落带高度、导水裂缝带高度、地表采动裂隙深度和底板破坏深度。h_{III} 可按下式计算：$h_{\text{III}}=(0.4\sim0.5)h_{\text{I}}$。

三、回采工作面底板突水系数法

1. 突水系数法

20 世纪 60—70 年代，我国矿山部门依据实际突水资料，提出采用突水系数（或称水压比、阻水系数）作为预测煤层底板突水的标准，并定义突水系数为单位厚度隔水层所能承受的极限水压值，即

$$k_{\text{临}}=\frac{P}{M} \tag{4-8}$$

式中　$k_{\text{临}}$——临界突水系数；

　　　P——底板承受的静水压力；

　　　M——隔水层厚度。

根据《煤矿防治水细则》，式（4-8）适用于采煤工作面，就全国实际资料看，底板受构造破坏的地段突水系数一般不得大于 0.06MPa/m，隔水层完整无断裂构造破坏的地段不得大于 0.1MPa/m。

非突水危险区、突水威胁区、突水危险区的划分标准如下：

（1）非突水危险区。处在灰岩含水层水位以上的区域，不存在底板灰岩水的突水危险性。

（2）突水威胁区。处在灰岩含水层水位以下，隔水层完整无断裂构造破坏的地段突水系数

小于 0.1MPa/m；底板受构造破坏地段突水系数小于 0.06MPa/m，存在有突水威胁的区域。

（3）突水危险区。处在灰岩含水层水位以下，隔水层完整无断裂构造破坏的地段突水系数不小于 0.1MPa/m；底板受构造破坏地段突水系数不小于 0.06MPa/m，有突水危险的区域。

2. 编制突水系数图

突水系数的应用是通过突水系数图来体现的。根据勘探和开拓区顶底板隔水层厚度及水压（位）资料，确定出矿区内突水系数值，把它编制成突水系数图，将其与临界突水系数做比较，大体上即可圈出安全区与预测突水危险区。有两种突水系数图：第一种是矿区或井田的突水系数图，比例尺常为 1：5000～1：10000；第二种是采区的突水系数图，比例尺一般是 1：1000～1：2000，甚至更大些。

【实例1】 编制某矿的底板突水系数分区图。步骤如下：①编制煤层底板等高线图（图4-4）；②编制底板含水层等水位线图（图4-5）；③根据以上两种资料绘制底板等水压线图（图4-6）；④编制采区有效隔水层等厚线图（图4-7）；⑤根据底板等水压线图和有效保护层厚度等值线图，绘出突水系数等值线图（图4-8）。

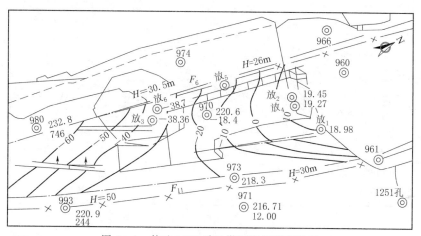

图4-4 某矿1718采区煤层底板等高线图

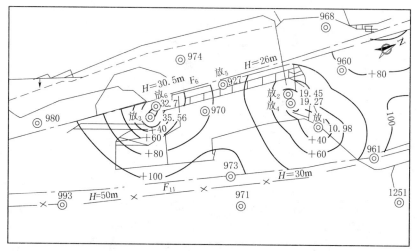

图4-5 某矿1718采区底板含水层等水位线图

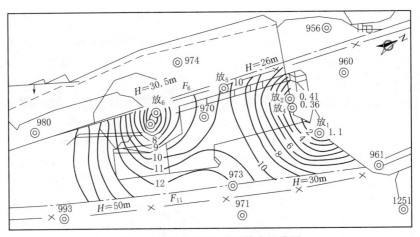

图 4-6　某矿 1718 采区等水压线图

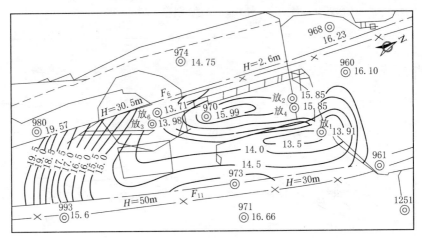

图 4-7　某矿 1718 采区有效隔水层等厚线图

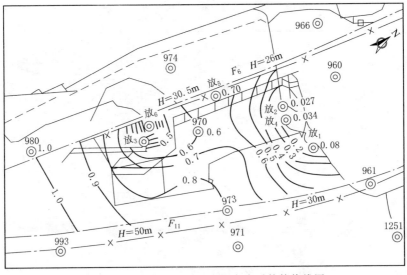

图 4-8　某矿 1718 采区底板突水系数等值线图

第三节 矿井突水防治技术

"预测预报、有疑必探、先探后掘、先治后采"是防治水的十六字原则，它科学地概括了水害防治工作的基本程序。"预测预报"是水害防治的基础，是指在查清矿井水文地质基础上，运用先进的水害预测预报理论和方法，对矿井水害做出科学分析判断和评价；"有疑必探"是根据水害预测预报评价结论，对可能构成水害的区域，采用物探、化探和钻探等综合探测技术手段，查明或排除水害；"先探后掘"是指先综合探查，确定巷道掘进没有水害威胁，再掘进施工；"先治后采"是根据查明的水害情况，采取有针对性的治理措施排除水害隐患，再安排采掘工程。

防、堵、疏、排、截五项治理措施是水害治理的基本技术方法。"防"主要指合理留设防隔水煤（岩）柱，修建防水闸门、防水墙等；"堵"主要指注浆封堵有突水威胁含水层、导水构造；"疏"指对承压含水层进行疏水降压，对煤层顶板导水裂缝带波及范围内的含水层（体）进行疏干开采；"排"指按设计建立矿井采区工作面排水系统；"截"指加强对地表水（河流、水库、洪水）截流治理。

一、截流法

截流法主要是指在地面修筑防排水工程，填堵塌陷区、洼地和采取隔水防渗等措施，减少或防止雨雪和地表水大量流入矿井，同时坚持矿井防治水与农田水利建设相结合、地表水与井下工程相结合、多种防水方法相结合的综合防治水措施。这是保证矿井安全生产不受水害的关键，对矿井水主要来自地表水和雨雪水的矿井更为重要。

1. 填堵通道和消除积水

矿区的基岩裂隙、塌陷裂缝、溶洞、废弃的井筒、钻孔和塌陷坑等，可能成为地表水进入矿内的通道，应该用黏土或水泥将其填堵，如图4-9所示。容易积水的洼地、塌陷区应该修筑泄水沟。泄水沟应该避开露头、裂缝和透水岩层。不能修筑沟渠时，可以用泥土填平夯实并使之高出地表。大面积的洼地、塌陷区无法填平时，可安装水泵排水。

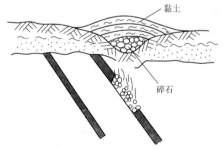

图4-9 塌陷坑填塞方案

2. 挖沟排（截）洪水

位于山麓或山前平原的矿区，雨季常有山洪或潜流流入，增大矿坑涌水量，甚至淹没井口和工业广场。一般应在矿区井口边缘沿着与来水垂直的方向，大致沿地形等高线挖掘排洪沟，拦截洪水并将其排到矿区外，如图4-10所示。在地表塌陷、裂缝区的周围也应挖掘截水沟或筑挡水围堤，防止雨水、洪水沿塌陷、裂缝区进入矿区。

3. 整治河流

当河流或渠道经过矿床且河床渗透性强，河水可能大量渗入矿内时，可以修筑人工河床（铺砌的河床）或使河流改道。

（1）修筑人工河床。在河水渗漏严重的地段用黏土、碎石或水泥铺设不透水的人工河

75

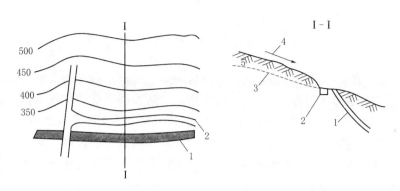

图 4-10　排洪沟

1—煤层；2—排洪沟；3—潜水位线；4—地面洪流

床（图 4-11），以阻止或减少河水渗漏。例如，重庆南恫直属二井河流经过矿区，修筑人工河床后，雨季矿坑涌水量减少 30%～50%。

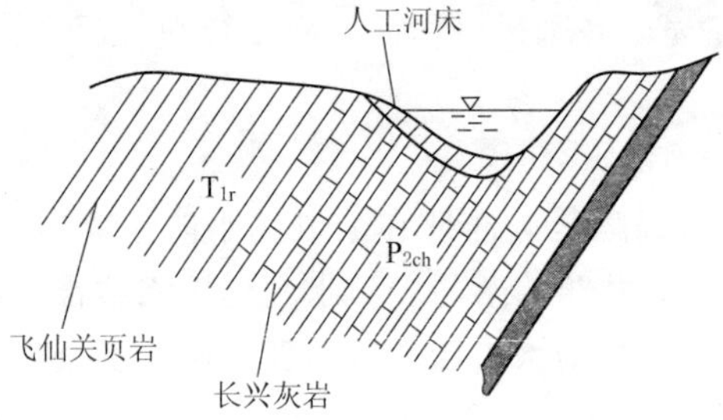

图 4-11　人工河床铺底示意图

（2）河流改道。防止河水进入矿内最彻底的办法是将河流改道，使其绕过矿区。为此，可以在矿区上游的适当地点修筑水坝拦截河水，将水引到事先开掘好的人工河道中（图 4-12）。河流改道的工程量大、投资多，并涉及当地工农业利用河水等问题，故不宜轻易采取，需要仔细调查全面考虑再决定。

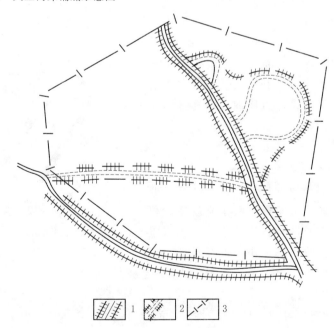

图 4-12　河流改道示意图

1—改道后的河流及堤防；2—废河废堤；3—井田边界

对于近山矿区：首先，山区以蓄为主，防蓄结合，配合建水库、挖鱼鳞坑、种树、开山前顺水沟，以减少矿井雨季洪峰水量；其次，矿区外围以防为主，防排结合，在可能往井下漏水的灰岩露头周围用排洪沟构成排洪圈包围井田，使洪水沿环形排洪道集中之后流入主河道，在排洪沟下口建水闸和排洪站，准备河水倒灌时往外排水；最后是矿区内部以导为主，导排结合。

平原地区应结合农田水利建设，挖掘中央排洪道和分区泄水沟形成河网系统，防止内涝。

除上述方法外，还可以在矿区上游筑坝拦水，疏通、加宽取直河道和衬砌防渗，敷设排水管，减少渗入。

二、疏干法

疏干又称为疏放降压，是指受水灾威胁和有突水危险的矿井或采区，借助专门的疏水工程（疏水石门、疏水巷道、放水钻孔、吸水钻孔等），有计划、有步骤地将煤层上覆或下伏强含水层中地下水进行疏放，使其水位（压）值降至安全采煤时的水位（压）值以下的过程。

疏干工程应与采掘工程密切结合。疏干工程按其进行阶段可分为预先疏干和并行疏干。预先疏干是在井巷开拓之前进行，而并行疏干是在井巷开拓过程中进行，一直到矿井采掘完毕。疏干方式包括三种：地表疏干、井下疏干和联合疏干（指同时采用上述两种方式）。

1. 疏水降压方法

（1）地表疏干。地表疏干主要应用于开发大水煤矿床，在井巷工程开拓（凿）之前的预疏干阶段，它既可作为独立的疏干方式，也可作为井上下结合的联合疏干方式。其实质是在设计疏干地段，在地表施工开凿一系列的疏干孔（井），钻至需要疏干的含水岩层（体），从疏干孔（井）中把地下水抽排到地面，形成一个能满足要求的疏干降落漏斗，为安全开采创造有利条件。地表疏干常用于煤层埋藏较浅、含水岩层（体）渗透性较强的条件。其优点是经济、安全、施工方便、建设速度快且容易调控和管理，所抽排出的地下水不易受污染，可作为工农业用水或生活用水，有利于实现疏供结合，取得较好的经济效益或社会效益。

地表疏干孔（井）的布置主要根据矿井水文地质条件及开采设计要求来确定。疏干孔（井）的孔位应以生产水平和生产采区为中心，既可呈环形布置（图 4-13），也可呈直线形布置（图 4-14）。环形布置适用于开采煤层（组）附近含水层各方向展布较远、地下水从各个方向补给矿井的条件。直线形布置则适用于地下水为单侧补给的矿井（区），疏干孔布置在垂直地下水流向的进水一侧。

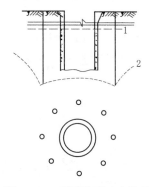

图 4-13　环形孔群疏水布置

1—疏水前水位；2—疏水后水位

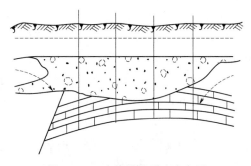

图 4-14　直线形孔群疏水布置

（2）井下疏干。采用专门穿层石门或利用开拓井巷以及井下垂向钻孔（简称垂孔，含直通式钻孔）或水平钻孔（简称平孔，含斜孔），揭露充水岩层（体）或富水带，进行疏排水，称为井下疏干。井下疏干使用范围较广，无论所需疏干的充水岩层（体）赋存于开采煤层的顶板或底板，埋藏深度的大小，渗透性的好坏，富水性的强弱，均可采用。特别是地下水位较深的矿井，地表疏干不经济或无条件进行时，更宜采用井下疏干。井下疏干的优点是疏干较彻底，同地表疏干相比，在疏干漏斗内很少有或没有残留水体。

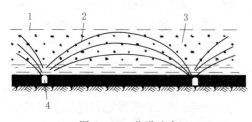

图 4-15 巷道疏水

1—静止水位；2—降落水线；3—含水层；4—疏干巷道

1）疏水巷道。

① 疏放顶板含水层：如果煤层直接顶板为水量和水压不大的含水层，常把采区巷道或回采工作面的准备巷道提前开拓出来（图 4-15）。② 疏放底板含水层：当煤层的直接底板是强充水含水层时，可考虑将巷道布置在底板中，利用巷道直接疏放底板水（图 4-16）。

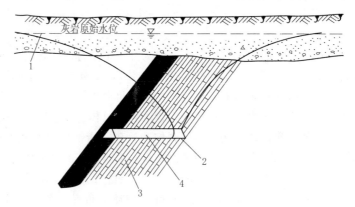

图 4-16 底板含水层中的疏水巷道

1—灰岩原始水位；2—疏放水巷道；3—石灰岩含水层；4—石门

2）放水钻孔。放水钻孔的作用是使顶底板含水层中的水以自流方式进入巷道。

① 疏放顶板水：在煤层上部含水层的水量与水压较大时，为了避免回采后顶板突水，在巷道内向顶板含水层打仰孔、直孔或水平孔，使顶板水逐渐泄入巷道，通过排水沟向外排出（图 4-17）。② 疏放底板水：底板放水钻孔的作用在于降低煤层底板承压含水层的水压以防止底板突水（图 4-18）。底板放水钻孔是从巷道内向下施工的，它既可比地面施工节省工程量，又可利用承压水的自流特征使水直接由钻孔涌出，不需要安装专门的抽水设备，同时亦可借助孔口装置控制水量、测量水压（图 4-19）。

（3）联合疏干。

1）地表井下联合疏干，指在同一矿井（区内），同时采用地表疏干和井下疏干两种方式。地表井下联合疏干一般是在矿井水文地质条件复杂、单一疏干方式效果不好或不够经济合理时采用。

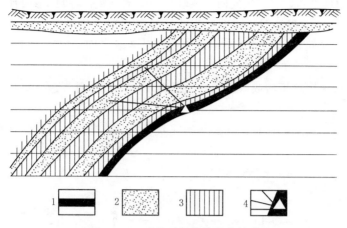

图 4-17 疏放顶板水的放水钻孔

1—煤层；2—含水层；3—隔水层；4—巷道及放水钻孔

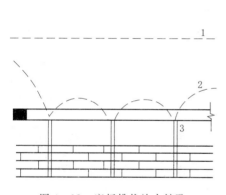

图 4-18 底板排状放水钻孔

1—静止水位；2—降落水线；3—疏水孔

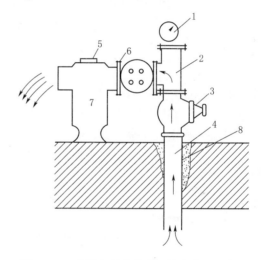

图 4-19 疏放底板水的孔口放水装置示意图

1—水压表；2—三通；3—水阀门；4—孔口管；
5—读数盘；6—法兰盘；7—流量表；8—水泥

　　2）多矿井联合疏干，指在一个矿区或同一个水文地质单元内，采用两个以上矿井联合疏干，即多个矿井协同作战，一道疏干开采同一充水煤系之煤层；各自分担疏干工程和疏干排水费用，实现整个矿区或同一水文地质单元的联合疏干，借以提高整体疏干效果和经济效益。多矿井联合疏干一般在喀斯特充水矿床、大水矿区采用。

　　3）供疏结合的联合疏干。我国许多大水矿区地面供水（工业、农业、居民饮用）、井下疏放水，通过多年至数十年的联合排水，已形成矿区大范围的区域水位降，客观上自发地构成了矿区供、疏结合的联合疏干局面。

　　2. 疏干排水量设计

　　疏干工程排水量指在设计疏干时间内，将水位降至某规定标高时的疏干排水量。由本章

第二节巷道极限值理论知,将开拓或回采地段的底板或顶板的厚度 $t_实$ 值代入式(4-3)可求出 $H_{理安}$。当 $H_{理安} \leqslant H_实$ 时,说明底板或顶板隔水层不能抵抗所承受的压力。为防止突水,则应使水压降低 S 值,才能达到安全生产的要求,即

$$S = H_实 - H_{理安} \tag{4-9}$$

疏干排水量可采用解析法或数值法进行预测。一般疏干过程为非稳定排水过程,采用非稳定群井公式。

(1)承压完整干扰井群计算公式。承压完整干扰井群同步抽水时的计算公式为

$$S_i = \frac{1}{4\pi T} \sum_{i,j=1}^{n} Q_i \ln \frac{2.25at}{r_{ij}^2} \tag{4-10}$$

上式可展开成

$$\begin{cases} 4\pi TS_1 = Q_1 \ln \dfrac{2.25at}{r_{11}^2} + Q_2 \ln \dfrac{2.25at}{r_{12}^2} + \cdots + Q_n \ln \dfrac{2.25at}{r_{1n}^2} \\[2mm] 4\pi TS_2 = Q_1 \ln \dfrac{2.25at}{r_{21}^2} + Q_2 \ln \dfrac{2.25at}{r_{22}^2} + \cdots + Q_n \ln \dfrac{2.25at}{r_{2n}^2} \\[2mm] \vdots \\[2mm] 4\pi TS_n = Q_1 \ln \dfrac{2.25at}{r_{n1}^2} + Q_2 \ln \dfrac{2.25at}{r_{n2}^2} + \cdots + Q_n \ln \dfrac{2.25at}{r_{nn}^2} \end{cases} \tag{4-11}$$

式中　S_i——i 井水位降深,m;

$\quad\quad Q_i$——i 井出水量,m^3/d;

$\quad\quad T$——含水层导水系数,m^2/d;

$\quad\quad a$——含水层压力传导系数,m^2/d;

$\quad\quad t$——抽水时间,d;

$\quad\quad r_{ij}$——i 井至 j 井距离,$i=j$ 时为该井半径 r_0,m;

$\quad\quad n$——布井数。

(2)潜水完整干扰井群计算公式。潜水完整干扰井群同步抽水时的计算公式有

$$(2H - S_i)S_i = \frac{1}{2\pi K} \sum_{i,j=1}^{n} Q_i' \lg \frac{2.25at}{r_{ij}^2} \tag{4-12}$$

上式可展开成

$$\begin{cases} 2\pi K(2H - S_1)S_1 = Q_1 \ln \dfrac{2.25at}{r_{11}^2} + Q_2 \ln \dfrac{2.25at}{r_{12}^2} + \cdots + Q_n \ln \dfrac{2.25at}{r_{1n}^2} \\[2mm] 2\pi K(2H - S_2)S_2 = Q_1 \ln \dfrac{2.25at}{r_{21}^2} + Q_2 \ln \dfrac{2.25at}{r_{22}^2} + \cdots + Q_n \ln \dfrac{2.25at}{r_{2n}^2} \\[2mm] \vdots \\[2mm] 2\pi K(2H - S_n)S_n = Q_1 \ln \dfrac{2.25at}{r_{n1}^2} + Q_2 \ln \dfrac{2.25at}{r_{n2}^2} + \cdots + Q_n \ln \dfrac{2.25at}{r_{nn}^2} \end{cases} \tag{4-13}$$

式中　K——含水层渗透系数,m/d;

$\quad\quad H$——含水层厚度,m。

依据以上公式,当参数确定时,可以得到矿区疏干过程中井群疏干量 Q、水位降 S

与疏干时间 t 三变量之间的函数关系。因此，只要给出其中两个变量的规律就可以推算另一个变量的规律。一般情况如下：

（1）可以按排水能力的大小，研究开采区地下水疏放降压漏斗的形成与扩展过程，即可预测计算地下水疏干漏斗范围内各点 (r) 水头函数 S 随时间 t 的变化规律，以规划回采速度与顺序，以及其他开采措施。

（2）为在一定时间段 t 内完成某开采水平降深 S 的疏干任务，可以选择合理的疏干量 Q，或者预测达到某疏干深度 S 后，矿坑涌水量 Q 随时间 t 的变化规律，以获得雨季最大涌水量及其出现的时间 t。

（3）可以根据疏干强度 Q，计算达到某疏干水平 S 所需的时间 t，或者进一步预测疏干漏斗扩展到某重要外边界的时间 t，这种扩展可导致严重后果，如供水水源地遭破坏，发生海水倒灌或溢泉断流等。

【实例 2】　某铁矿地处灰岩区，裂隙岩溶发育较均匀，地下水运动符合达西定律，矿区内有部分地下水动态长期观测资料，其他地质条件忽略。要求：

（1）当疏干水平（或中段）的水位降深 S 确定后，则疏干量 Q 是时间 t 的函数。这样，疏干量 Q 就是与疏干时间 t 有关的一组数据。某水平的正常疏干量应是该水平预测的矿坑涌水量值。设计部门要在一组具不同疏干强度 Q 及与其相应的时间 t 的对比中，选出最佳疏干方案，即选择排水能力要求不太大，而疏干时间又不长的方案。

（2）疏干时间通常要求控制在两个雨季之间，否则 Q 的计算无意义。

具体分析计算过程如下：

第一步，初选疏干时间段 t。根据第二项任务，在现有地下水动态曲线（图 4-20）上初选 3 个时间段，即 270d、210d、150d，供计算分析。

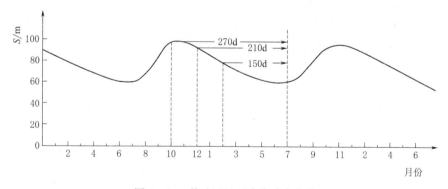

图 4-20　某矿区地下水位动态曲线

第二步，确定相应的 S 值。根据给定的零米标高，从动态曲线图上确定出各时间段相应的 S 值：$t_3=270\mathrm{d}$，$S_3=100\mathrm{m}$；$t_2=210\mathrm{d}$，$S_2=90\mathrm{m}$；$t_1=150\mathrm{d}$，$S_1=80\mathrm{m}$。

第三步，求相应的 Q 值，利用的公式（符号为常用地下水动力学符号）如下：

$$Q=4\pi TS/W\left(\frac{\mu r^2}{4Tt}\right)$$

式中　T——导水系数；

S——水位降深；

$W\left(\dfrac{\mu r^2}{4Tt}\right)$——泰斯井函数。

在已知 t_1、S_1、t_2、S_3、t_3、S_3 的条件下，求得相应的 Q_1、Q_2、Q_3，作为第四步分析的初值。

第四步，绘制不同疏干强度 Q 条件下的 $S=f(t)$ 曲线。在初值 Q_1、Q_2、Q_3 的范围内，利用式 $S=\dfrac{Q}{4\pi T}W\left(\dfrac{\mu r^2}{4Tt}\right)$，通过内插给出一组供进一步分析的疏干量数据。分析不同疏干量时的 S 随 t 的变化规律，并绘制不同疏干量条件下的 $S=f(t)$ 曲线（图 4-21）。

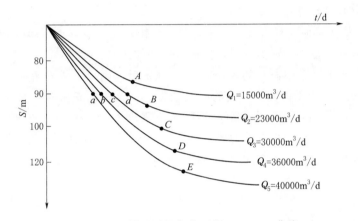

图 4-21 不同疏干量条件下的 $S=f(t)$ 曲线

第五步，绘制不同定降深 S 条件下的 $Q=f(t)$ 曲线。根据图做出不同降深 S 条件下的疏干量 Q 与时间 t 的关系曲线 $Q=f(t)$（图 4-22），进行不同 S 条件下疏干量 Q 与疏干时间 t 的对比分析。

第六步，绘制降深 S 与最佳疏干量 $Q_{佳}$ 的关系曲线。根据图中各 $S=f(t)$ 曲线的拐点，求出不同降深 S 条件下的最佳疏干强度，即拟稳定疏干量与降深的关系曲线（图 4-23）。

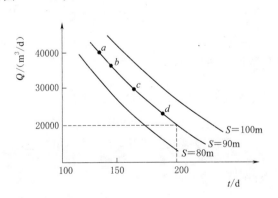

图 4-22 不同降深条件下的 $Q=f(t)$ 曲线

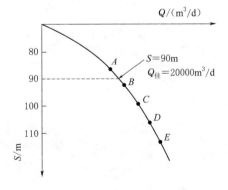

图 4-23 降深与疏干量关系曲线

第七步，确定最佳疏干量，并检验其可行性。根据图4-23取得的不同降深S的最佳疏干量$Q_佳$，检验它们达到S时所需的时间t是否满足任务要求，即是否能在两个雨季之间完成疏干任务。如符合需要，预测就算完成；不符合需要，则还要重复进行，直至所选取的最佳疏干量满足任务要求的S与t。

从图4-23中取$S=90m$，则$Q_佳=20000m^3/d$。从图4-22中求得$t=200d$；可行性检验：200d＜210d，故符合技术要求。

然后，求雨季最大疏干量Q_{max}。雨季地下水位上升，如以t表示雨季的时段长，以S表示水位上升幅度，为保证开采水平（中段）的正常生产，必须将雨季（特别是丰水年雨季）抬高的水头S降下去。因此，雨季的最大疏干量应为开采水平正常疏干量（即正常涌水量）Q，亦即前面所确定的最佳疏干量，再加雨季t时段抬高S所增加的疏干量，称为疏干增量。则

$$Q_{max}=Q_佳+Q_{雨增}$$

上述Q_{max}的计算，关键是雨季t及其时段内地下水位上升幅度的确定。一般按动态观测资料给出抬高S的平均值较为可靠。将所得的t、S代入前面所列公式，则可计算出雨季增加的疏干量$Q_{雨增}$。

三、堵截法

堵截法又称防渗法，其实质是使用注浆工程。当煤层底板充水含水层富水性强且水头压力高，或煤层隔水底板存在变薄带、构造破碎带、导水裂缝带，需采用疏水降压方法实现安全开采，但疏排水费用太高、浪费地下水资源且经济上不合理时，应采用含水层改造与隔水层加固的注浆治水方法。采用注浆堵截水源通道，然后再进行排水。

注浆堵水是将水泥或化学浆通过管道压入井下岩层空隙、裂隙或巷道中，使其扩散、凝固和硬化，从而使岩层具有较高的强度、密实性和不透水性，达到封堵截断补给水源和加固地层的作用，是矿井防治水害的重要手段之一。

1. 注浆工程的分类

按注浆在煤矿中的应用目的，可以将注浆工程分为以下三类。

（1）预注浆工程：包括井筒预注浆、工作面注浆改造、帷幕注浆和导水构造的预注浆处理。

（2）注浆堵水工程：包括巷道封堵工程、突水构造封堵和突水水源封堵。

（3）特殊注浆工程：管棚支护注浆、防灭火注浆和充填注浆。

2. 注浆材料

注浆材料是注浆堵水和加固工程成败的关键因素。注浆材料的选择，主要取决于堵水加固地段的地质特征、岩层裂隙和岩溶发育程度、地下水的流速和化学成分等因素。选择注浆材料的一般要求如下：可注性好（如流动性好、黏度低、分散相颗粒小等）、浆液稳定性好（析水少、颗粒沉降慢）、浆液凝结时间易于调节、固化过程最好是突变的；浆液固结后需具备要求的力学强度、抗渗透性和抗侵蚀性，材料来源广；廉价且储运方便，配制、注入工艺简单，不污染环境。

常用注浆材料主要有水泥浆液、水泥-水玻璃浆液、黏土浆液和化学浆液等。几种浆液的大致适用范围如图4-24所示。

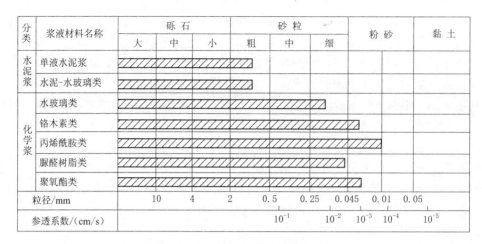

分类	浆液材料名称	砾石			砂粒			粉砂	黏土
		大	中	小	粗	中	细		
水泥浆	单液水泥浆								
	水泥-水玻璃类								
化学浆	水玻璃类								
	铬木素类								
	丙烯酰胺类								
	脲醛树脂类								
	聚氧酯类								
粒径/mm		10	4	2	0.5	0.25	0.045	0.01	0.05
参透系数/(cm/s)					10^{-1}	10^{-2}	10^{-3}	10^{-4}	10^{-5}

图 4-24 几种注浆材料的大致适用范围

3. 注浆设备

注浆工程施工所用的设备和机具主要有钻机、注浆泵、搅拌机、止浆塞和混合器等，此外还包括双液注浆用的混合器、逆止阀等。注浆流程如图 4-25 所示。

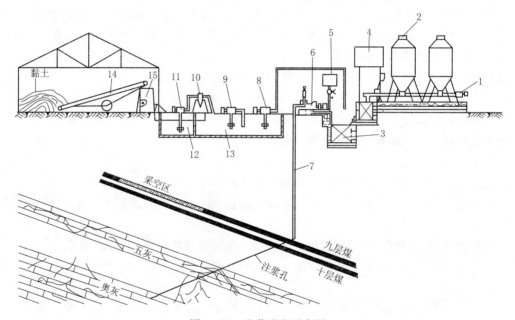

图 4-25 注浆流程示意图

1—螺旋输送机；2—散装水泥罐；3—搅拌机；4—高位水箱；5—添加剂箱；6—注浆泵；7—送浆孔；8—排浆泵；
9—循环泵；10—旋流器；11—旋流泵；12—粗浆池；13—精浆池；14—皮带输送机；15—制浆机

钻机的选择应根据地层条件和注浆深度确定。注浆泵选择的原则是：根据设计的注浆压力和注浆量选型，应尽量选压力、流量可调节的注浆泵，根据单液或双液注浆系统和备用量确定台数；根据注浆材料是否添加灌注骨料选择泵型。搅拌机选择的依据主要是其生产能力应保证注浆泵有足够浆量。止浆塞是将注浆孔的任意两个注浆段隔开、只让浆液注入止浆塞以下的岩石空隙中去的工具。止浆塞的选择应考虑合理使用注浆压力、有效控制浆液分布范围、实现分段注浆、确保注浆质量等因素。常用的止浆塞类型有孔内双管混合止浆塞、单管止浆塞和水力膨胀式止浆塞等。

4. 注浆工程设计

注浆工程设计主要包括三个过程：钻孔设计、注浆工艺设计和质量检查与效果检验。其中钻孔设计包括钻孔布置、钻孔结构和钻孔技术要求；注浆工艺设计包括注浆层段与注浆方式、注浆工艺控制和注浆结束标准；质量检查与效果检验包括工序检查、钻孔检查、物探检查和堵水效果检查等。

注浆工艺流程如下：注浆前的水文地质调查、注浆方案设计、注浆孔施工、建立注浆站、注浆系统试运转、注浆管路耐压试验、钻孔冲洗和压水试验、造浆注浆施工、注浆结束后压水、关孔口阀、拆洗孔外注浆管路和设备、打开孔口阀、提取止浆塞或再次注浆、封孔和检查注浆效果等。

通常选择注浆堵水方案应考虑以下因素：

（1）突水水文地质条件。突水水源、突水构造的类型、突水方式、井下与地面施工条件等。

（2）矿井受淹状况。受淹部位是巷道、工作面、水平或是整个矿井。

（3）施工条件。地面与井下的施工条件等。

（4）本次突水与矿井今后防治水工作和煤炭生产接续的关系。

（5）不同方案的工期与工程造价因素。

【实例3】　徐州青山泉煤矿截流。青山泉矿二号、三号井田属同一单斜构造，分布有11层太原组灰岩含水层（与开采有关的主要为浅部岩溶发育的九、十两层），各层厚0.5～12m，构成统一的含水组。地表被3～10m厚的第四系所覆盖。九层灰岩厚2.6m，距17层煤顶板5～8m；十层灰岩厚3.5m，为20层煤的直接顶板。三号井田枯季涌水量仅为0.65m³/min左右，雨季一般为5～6m³/min，最大达7.9～16m³/min，主要为降水入渗补给。二号井田涌水量较大，枯季为13m³/min，雨季最高达95m³/min。后因突水淹没，导致其水位不断上升，地下水通过九、十层灰岩岩溶通道流入三号矿井，使三号矿坑涌水量越来越大。1964年雨季，三号井因受水威胁而被迫停产。于是决定用注浆帷幕来切断二号井水对三号井水的补给。截流方向垂直地下水流向，位置理应选在二号、三号井田分界处。但因分界处已有数处采通，边界煤柱已遭破坏，故截流位置选在三号井主井西的煤柱中央（图4-26）。自十层灰岩露头起至九层、十层灰岩岩溶不发育带止，帷幕深达130m，全长565m，用63个孔注浆。通过1964—1966年两期施工筑起了帷幕，基本上切断了二号井水及地下水流入三号井的通道。注浆后，全年总涌水量减少200万m³左右，每年节约排水费16万元以上，三年左右即可收回全部投资。

四、防隔水煤（岩）柱的留设

在水体下、含水层下承压含水层上或导水断层附近采掘时，为防止地表水或地下水溃入工作面，在可能发生突水处的外围保留一定宽度的矿体不采，以加强岩层的强度，提高阻水的能力，防止水突入矿井。这种保证地下采矿地段的水文地质条件不致明显变坏的最小宽度矿柱，称为防隔水煤（岩）柱。

防隔水煤（岩）柱（简称为安全煤柱）是煤矿井下的重要防水设施之一，其主要作用

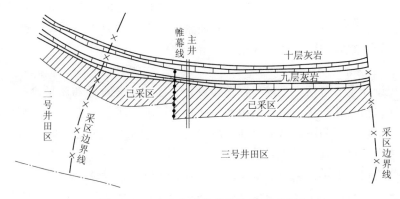

图 4 - 26　青山泉矿帷幕注浆平面示意图

有两个：一是防止地表水、地下水、老空水和断层水等大量溃入井下，发生水患事故；二是在水文地质条件复杂和极复杂矿区与防水闸门和水闸墙联合使用，实现分水平或分采区隔离开采，以便在发生突水时能够控制水势，缓解灾情，保证矿井安全。

1. 防隔水煤（岩）柱的种类

防隔水煤（岩）柱的种类很多，但总的来说可以划分为纵向防隔水煤（岩）柱和横向防隔水煤（岩）柱两大类。水体下采煤所留设的安全煤柱是典型的纵向煤（岩）柱［也称垂向煤（岩）柱］，其主要尺寸用安全煤柱高度表示；而在断层附近留设的一般是横向煤（岩）柱，其尺寸用安全煤柱宽度表示。根据《煤矿防治水规定》和《煤矿安全规程》，防隔水煤（岩）柱主要有以下七种：

（1）地表水体防隔水煤（岩）柱。

（2）煤层露头防隔水煤（岩）柱。

（3）水淹区和老空积水区下防隔水煤（岩）柱。

（4）相邻井田边界防隔水煤（岩）柱。

（5）上下水平、相邻采区或相邻工作面防隔水煤（岩）柱。

（6）断层防隔水煤（岩）柱。

（7）钻孔和陷落柱防隔水煤（岩）柱。

2. 防隔水煤（岩）柱的留设原则

（1）煤矿防隔水煤（岩）柱的留设必须与矿井地质构造、水文地质条件、煤层赋存条件及其组合结构方式、围岩物理力学性质等自然因素密切结合，还应与开采方法、开采强度和顶板管理方法等人为因素一致。

（2）煤矿防隔水煤（岩）柱留设应在开采设计中确定，应当与开采方式和井巷布局以及防水闸门的留设相适应，否则会给以后安全煤柱的留设造成极大困难，甚至造成无法留设的后果。

（3）在受突水威胁但又不宜采用疏放或注浆封堵等其他防治水方法的地区采掘时，必须留设防隔水煤（岩）柱。

（4）防隔水煤（岩）柱一般不能再利用，故应在安全可靠的基础上把煤柱的宽度和高度降到最低限度，以提高资源利用率。也可以采用充填法、条带法、疏放和含水层改造法等消除或降低水患威胁，创造少留安全煤柱的条件。

（5）煤矿防隔水煤（岩）柱一经确定，不能随意变动，严禁在各类防隔水煤（岩）柱中进行采掘活动。在水体下开采提高采煤上限的，必须经省级煤炭行业管理部门审批。

（6）防隔水煤（岩）柱留设和计算所需的数据，条件具备的必须在本矿区通过试验确定，邻区或外地的数据只能参考，如果需要采用，应结合本地情况适当加大安全系数。

（7）多煤层地区，各煤层的防隔水煤（岩）柱必须统一考虑确定，以免某一煤层开采影响和破坏另一煤层的安全煤柱。

（8）防隔水煤（岩）柱中必须要有一定厚度的黏土质隔水岩层或含水性能弱的岩层，否则防隔水煤（岩）柱将无隔水作用。

（9）严禁在水体下通过留设防隔水煤（岩）柱的方法开采急倾斜煤层，以避免发生煤层抽冒，造成重大透水事故。

（10）在相邻井田的分界处，应当留设防隔水煤（岩）柱，防隔水煤（岩）柱的尺寸在矿井设计时确定。

3. 防隔水煤（岩）柱的留设方法

（1）保护层法。该方法适用于煤层露头防隔水煤（岩）柱的留设，目的是防止导水裂缝带波及水体，其垂高应大于或等于导水裂缝带的最大高度加上保护层厚度（图4-27），即

$$H_f = H_L + H_b \tag{4-14}$$

式中　H_f——防隔水煤（岩）柱高度，m；

　　　H_L——采后垮落带高度或导水裂缝带最大高度，m；

　　　H_b——保护层厚度，m。

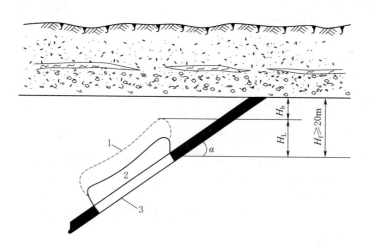

图4-27　煤层露头被松散富水性强的含水层覆盖时防隔水煤（岩）柱留设图
1—裂隙带；2—冒落带；3—采空区

导水裂缝带的最大高度 H_L 多数根据我国煤炭行业总结的经验公式计算确定。保护层厚度 H_b 根据煤层倾角、覆岩岩性、有无松散层及其中黏性土层厚度等，按表4-3和表4-4选取。根据式（4-14）计算的值，不得小于20m。

表 4 - 3　　　　缓倾角——中倾角 (0°～54°) 煤层防水安全煤 (岩) 柱保护层厚度

覆岩岩性	松散层底部黏性土层厚度大于累计采厚	松散层底部黏性土层厚度小于累计采厚	松散层全厚小于累计采厚	松散层底部无黏性土层
坚硬	4A	5A	6A	7A
中硬	3A	4A	5A	6A
软弱	2A	3A	4A	5A
极软弱	2A	2A	3A	4A

注　$A = \sum M / n$。$\sum M$ 为累计采厚；n 为分层层数。

表 4 - 4　　　　急倾角 (55°～90°) 煤层防水及防砂煤 (岩) 柱保护层厚度

覆岩岩性	55°～70°				71°～90°			
	a	b	c	d	a	b	c	d
坚硬	15	18	20	22	17	20	22	24
中硬	10	13	15	17	12	15	17	19
软弱	5	8	10	12	7	10	12	14

注　a 为松散层底部黏性土层厚度大于累计采厚的情况；b 为松散层底部黏性土层厚度小于累计采厚的情况；c 为松散层全厚小于累计采厚的情况；d 为松散层底部无黏性土层的情况。

（2）理论公式法。在设计计算含水或导水断层防隔水煤（岩）柱的留设时，可参照下列公式计算（图 4 - 28）：

$$L = 0.5KM \sqrt{\frac{3p}{K_p}} \geqslant 20\text{m} \qquad (4-15)$$

式中　L——煤（岩）柱留设的宽度，m；

　　　　K——安全系数，一般取 2～5；

　　　　M——煤层厚度或采高，m；

　　　　p——水头压力，MPa；

　　　　K_p——煤的抗拉强度，MPa。

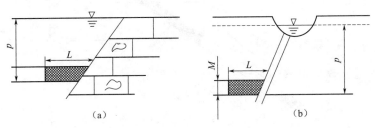

图 4 - 28　含水或导水断层防隔水煤（岩）柱留设图

（3）垂直法。即通过数学几何关系计算防隔水煤（岩）柱的留设宽度，该方法适用于煤层位于含水层上方且断层导水时防隔水煤（岩）柱的留设。在煤层位于含水层上方且断层导水的情况下 [图 4 - 29（a）]，防隔水煤（岩）柱的留设应当考虑两个方向上的压力：一是煤层底部隔水层能否承受下部含水层水的压力；二是断层水在顺煤层方向上的压力，如图 4 - 29（b）所示。

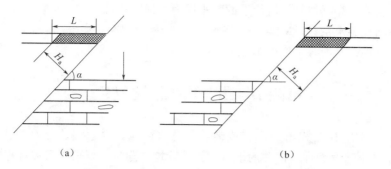

图4-29 煤层位于含水层上方且断层导水时防隔水煤（岩）柱留设图

当考虑底部压力时，应当使煤层底板到断层面之间的最小距离（垂距）大于安全煤柱高度 H_a 的计算值，并不得小于20m。其计算公式为

$$L = \frac{H_a}{\sin\alpha} \geqslant 20\text{m} \qquad (4-16)$$

式中　α——断层倾角，（°）。

当考虑断层水在顺煤层方向上的压力时，按式（4-15）计算煤柱宽度。根据以上两种方法计算的结果，取用较大的数字，但仍不得小于20m。

如果断层不导水（图4-30），防隔水煤（岩）柱的留设尺寸应当保证含水层顶面与断层面交点至煤层底板间的最小距离在垂直于断层走向的剖面上大于安全煤柱的高度 H_a，但不得小于20m。

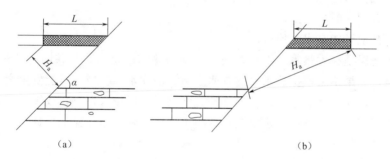

图4-30 煤层位于含水层上方且断层不导水时防隔水煤（岩）柱留设图

H_a 值应当根据矿井实际观测资料来确定，即通过总结本矿区在断层附近开采时发生突水和安全开采的地质、水文地质资料，计算其水压 p 与防隔水煤（岩）柱厚度 M 的比值（$T_s = p/M$），并将各点的值标到以 T_s 为横轴、以埋藏深度 H_0 为纵轴的坐标纸上，找出 T_s 值的安全临界线（图4-31）。H_a 值也可以按下式计算：

$$H_a = \frac{p}{T_s} + 10 \qquad (4-17)$$

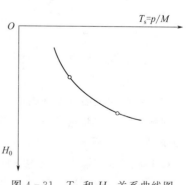

图4-31 T_s 和 H_0 关系曲线图

式中　p——防隔水煤（岩）柱所承受的静水压力，MPa；

　　　T_s——临界突水系数，MPa/m；

　　　10——保护带厚度，一般取 10m。

第四节　井 下 探 放 水

一些矿井，常常存在积水的小窑或老空、含水断层、含水层、导水陷落柱（钻孔）等，可能发生地下水突然涌入矿井的事故。为消除这些隐患，要求在采掘过程中采用探放水方法，查明工作面作业场所附近一定范围内的水情。在有水的情况下，根据水量大小有控制地将水放出，消除安全隐患，而后再进行采掘工作，以保证矿井安全生产。

一、适用情况

根据《煤矿防治水细则》规定，采掘工作面遇有下列情况之一的，应当进行探放水：

（1）接近水淹或者可能积水的井巷、老空或者相邻煤矿。

（2）接近含水层、导水断层、暗河、溶洞和导水陷落柱。

（3）打开防隔水煤（岩）柱进行放水前。

（4）接近可能与河流、湖泊、水库、蓄水池、水井等相通的断层破碎带。

（5）接近有出水可能的钻孔。

（6）接近水文地质条件复杂的区域。

（7）采掘破坏影响范围内有承压含水层或者含水构造、煤层与含水层间的防隔水煤（岩）柱厚度不清楚，可能发生突水。

（8）接近有积水的灌浆区。

（9）接近其他可能突水的地区。

以上九种情况是在大量水害事故教训的基础上总结确定的，其共同特征是水情不明、威胁程度不清，如果不采取探放水措施查明水情、消除水患，极有可能发生突水事故。

另外，在地面无法查明水文地质条件和充水因素的区域采掘时，或采掘工作面出现突水征兆时，也应当采取井下探放水措施，查明水情，消除隐患，保证采掘工程在探放水掩护范围内活动。

二、探水界限的确定

1. 老窑、小窑的探放

对于老窑、小窑的探放，探水界限包括以下"三线"的规定（图 4-32）：

（1）积水线是老窑、小窑采空区预定边界。

（2）探水线是根据积水范围的可靠程度、积水量、煤层厚度及其强度大小沿积水线外推 60～150m 距离的一条线。当巷道到达此线时就应开始探水。

（3）警戒线是沿探水线再平行外推 60～150m 的一条线，当巷道进入此线时就应警惕积水的威胁，注意迎头的变化，当出现有透水征兆时，就应提前探水。

2. 断层水和强含水层的探放

对于断层水和强含水层的探放，探水界限规定如下：

（1）采掘工作面接近已知含水断层 60m、推测含水层 100m 时。

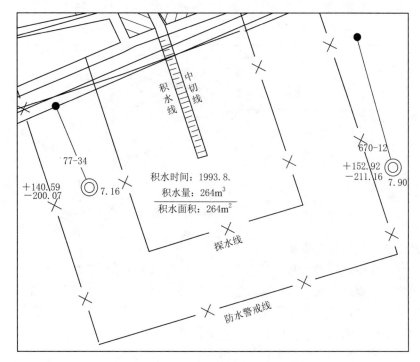

图 4 - 32 探水界限的"三线"示意图

(2) 采区内构造不明,含水层水压大于 1.86MPa 时。

(3) 采掘工作面底板隔水层厚度与实际承受的水压都处于临界状态,在掘进工作面前方和采面影响范围内是否有断层情况不清,一旦遭遇可能发生突水时。

三、钻孔布置

布置探放水钻孔应当遵循下列规定:

(1) 探放老空水、陷落柱水和钻孔水时,探水钻孔成组布设,并在巷道前方的水平面和竖直面内呈扇形。钻孔终孔位置以满足平距 3m 为准,厚煤层内各孔终孔的垂距不得超过 1.5m。

(2) 探放断裂构造水和岩溶水等时,探水钻孔沿掘进方向的前方及下方布置。底板方向的钻孔不得少于 2 个。

(3) 原则上禁止在煤层内探放水压高于 1MPa 的充水断层水、含水层水及陷落柱水等。如确实需要的,可以先建筑防水闸墙,并在闸墙外向内探放水。

(4) 上山探水时,一般进行双巷掘进,其中一条超前探水和汇水,另一条用来安全撤人。双巷间每隔 30~50m 掘 1 个联络巷,并设挡水墙。

探水时从探水线开始向前打钻孔,在超前探水时,钻孔很少一次就能打到老空积水,常是探水—掘进—再探水—再掘进,循环进行。而探水钻孔终孔位置应始终超前掘进工作面一段距离,该段距离称为超前距。经探水证实无水害威胁后可以安全掘进的长度,称为允许掘进距离。探水孔一般不少于三组,每组 1~3 个钻孔,一组为中心眼,另两组为斜眼。中心眼终点与外斜眼之间的距离称为帮距(图 4-33)。超前距和帮距越大,安全系数越大，探水工作量亦越大，对掘进速度的影响亦越大；超前距和帮距过小，则不安全。

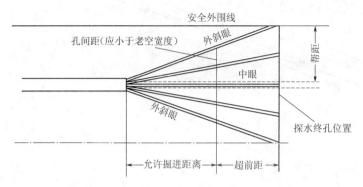

图 4-33 探水钻孔的超前距、帮距、密度和允许掘进距离示意图

四、放水孔及孔口管的安装

在探放水工作中，当水量和水压不大时，积水可通过探水钻孔直接排出；当水量和水压很大时，应安装专门的孔口管，孔口管的安装必须固定在坚硬岩石且相对完整岩层内。孔口管安装前先用大口径钻头开孔至一定深度后再放入孔口管，在套管与孔壁间灌注水泥浆，再采用较小尺寸的钻头在孔内钻进，直至钻透老空或含水层，再退出钻具，在孔口外露部分装上压力表、水阀门和导水管等（图 4-34）。

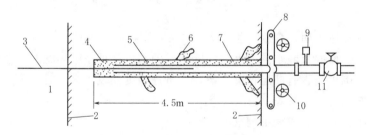

图 4-34 放水孔孔口装置示意图

1—含水层；2—相对隔水层；3—钻杆；4—钻孔；5—水泥；6—肋条；
7—钢管；8—铁卡；9—水压表；10—水柱；11—水阀门

第五节 突水预警系统

煤矿突水预警系统包括传感系统（位移、渗透压、离子、应力、应变、水温、水量、水位、水压传感器等），数据采集和发射系统，大容量、高速监控预警传输系统。

突水预警系统的工作流程是：钻孔施工至承压水在煤层顶底板导升高度的上方一定高度（对于底板突水预警）或煤岩壁内（对于陷落柱或老塘突水预警）→监测煤层底板特定位置的温度、水压、特征离子、应力、应变（对于底板突水预警）或断面位移、渗透压力、特征离子和温度（对于陷落柱）→根据所监测到的应力或位移反求参数→模拟开采→计算底板应力场和渗流场→根据专家系统或神经网络系统等预报水情。

煤层底板突水预警系统的基本工作流程是：在工作面煤层底板薄弱的部位施工若干个钻孔→在预定位置按照特定的工艺埋设传感器→将传感器与数据采集发射器连接→连接监测信号电缆→连接地面测控中心→实时监测、数据处理、水情预警→远程监控。

陷落柱突水预警系统的基本工艺流程是：在巷道某些部位施工若干个钻孔→在预定的位置布置监测断面或按照特定的工艺埋设传感器→将传感器与数据采集发射器连接→连接监测信号电缆→连接地面测控中心→实时监测、数据处理、水情预警→远程监控。

预警是根据监测到的指标分级别进行处理，分级的方法有以下四种：

（1）特征指标量值，即根据监测到的特征指标量值确定预警级别，指标的量值越接近灾害标准，预警级别越高。例如监测到的水温越接近奥灰水的温度，突水的预警级别越高。

（2）突水指标的组合有多种突水的判别指标，有的指标达到突水阈值，有的则没有，达到阈值的指标越多，预警的级别就越高。

（3）概率，预报突水的概率越高，水害预警的级别也越高。

（4）突水区或突水时间的接近程度，对预测的突水地点或突水发生的时间越接近，预警的级别也就越高。预警级别由突水判别的专家系统或神经网络系统等给出，随预警信号同时发出。

在预警的同时还要预备防灾预案。根据可能的灾害程度和煤矿的防灾和抗灾能力制订多种方案，然后将防灾预案、神经网络系统、数值仿真系统集成于 GIS 系统平台上，自动识别防灾方案并根据方案的有效性依次形成防灾方案队列。

煤矿水害预警系统的结构及运行过程如图 4-35 所示。

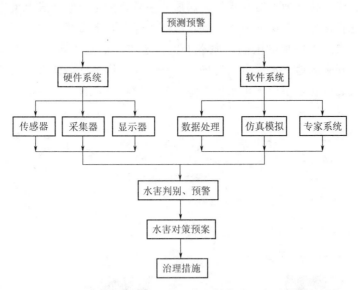

图 4-35 煤矿水害预警系统的结构及运行过程图

第五章 采矿活动对地下水的影响及其防治技术

第一节 采矿活动对含水层结构破坏及其影响预测

一、采矿活动对含水层结构的破坏形式

1. 采矿对上覆含水层的破坏

煤层采动前,其围岩由于受到上覆岩层的重力、构造运动作用力等的共同作用,其受力始终处于平衡状态。煤层采动后,回采空间上覆岩层逐渐裸露,其支撑条件发生显著改变,各点受力方向与受力大小均发生变化,原始平衡被打破,整个系统趋于不稳定,并试图寻求新的动态平衡。在此过程中,当部分煤层围岩所承受的压力超越其强度极限时,即发生明显的压缩和破坏。其直接反应就是采空区煤层顶板(包括巷道顶板)受应力影响发生变形移动,形成冒落带、裂隙带和弯曲带,最终导致导水裂缝带的形成。从而引发煤层上覆含水层水渗漏、矿井涌水等一系列问题。采煤对上覆含水层的破坏主要有以下两种形式:

(1)导水裂缝直接导通上覆含水层。煤层开采后,由于采空造成上覆岩石破碎,由其形成的导水裂缝直接导通煤层上覆含水层,破坏了煤层与上覆含水层之间的隔水层,使煤层上覆含水层失去隔水底板的限制,原本上覆含水层中的地下水顺着导水裂缝向矿井汇集,由此改变了开采区地下水的自然流场及其补、径、排条件,使煤层与其上覆含水层变为透水层,造成裂缝含水层地下水水位下降,甚至被疏干,含水层地下水资源由此遭到破坏(图5-1)。

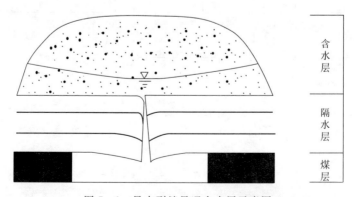

图5-1 导水裂缝导通含水层示意图

(2)导水裂缝未导通上覆含水层。煤层开采后,由其形成的导水裂缝并没有直接导通

含水层，而是导通含水层下部弱透水层或者隔水层。由于含水层下部岩层受到的应力发生变化，有可能导致微小裂缝的产生，从而人为地将含水层底板的隔水层转换为弱透水层，使含水层中的地下水通过越流向矿井排泄；同时，由于煤系地层的疏干，上覆含水层向采空区运动的速度加快（图 5-2）。

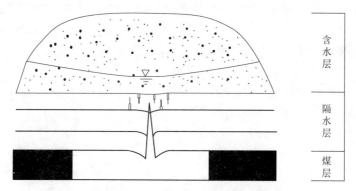

图 5-2　导水裂缝导通含水层下部岩层示意图

2. 采矿对下伏含水层的破坏

与煤层上覆岩层的状况相似，煤层采动后，由于回采空间围岩所在系统重新寻求动态平衡，其所承受压力的大小和方向也逐渐发生变化。随着工作面不断推进，由于矿压原因，煤层隔水底板及其下部地层先后经历超前压力压缩、采后卸压膨胀和采后压力压缩稳定三个阶段。由于同一平面上岩层各点所受矿压影响在时空上存在不均衡，岩层破坏由此产生，形成底板采动导水破坏带、阻水带和承压水导升带的"下三带"（图 5-3）。由于新产生的底板采动导水破坏带的直接影响，隔水层的直接厚度、底板岩体抵抗承压水突出的能力显著降低，承压水连通性大大提高，诱发底板承压水经由贯通性裂缝或断层等地质构造形成的间隙进入矿井，从而产生底板承压水突出等问题（图 5-4）。

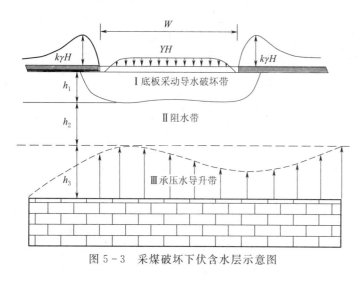

图 5-3　采煤破坏下伏含水层示意图

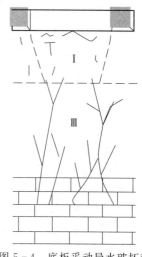

图 5-4　底板采动导水破坏带
与承压水导升带沟通

二、采矿对上覆含水层的影响预测

1. 对上覆含水层影响分析

采煤对上覆含水层的影响分析主要是通过煤炭开采导水裂缝带高度计算，结合评价区水文地质特征进行的。

煤层开采后，岩层的隔水性会受到影响。当隔水层位于上覆岩层的导水裂缝带内时，其隔水性将会被破坏，破坏的程度由导水裂缝带的下部向上部逐渐减弱；当隔水层位于上覆岩层的导水裂缝带之上时，由于采煤造成上覆岩层结构发生的微小变形可能会使上覆含水层中的水越流渗入矿井，但其水量一般很小。

【实例1】 山西东古城煤矿井田山4号、5号、6号、8号煤层开采后导水裂缝带和冒落带高度计算结果如下（图5-5）：

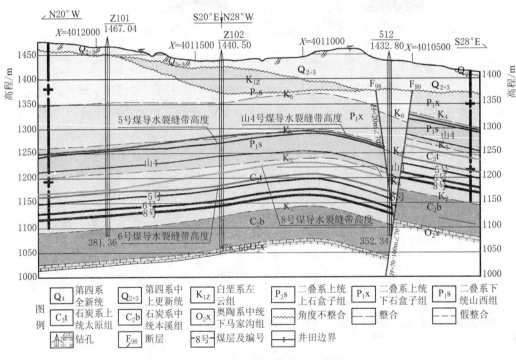

图5-5　导水裂缝带高度示意图

山4号煤层厚度0.25～4.91m，平均2.48m，一次采全高，计算后导水裂缝带高度为20～54.31m，冒落带高度为3.44～13.84m。导水裂缝带高度达到山西组上部或下石盒子组底部（砂岩裂隙含水层）。

5号煤层厚度10.40～20.94m，平均17.27m，一次采全高，计算后导水裂缝带高度为74.5～101.52m，冒落带高度为17.47～19.97m。导水裂缝带高度达到山西组中、上部（砂岩裂隙含水层）。

6号煤层厚度1.0～2.07m，平均1.34m，一次采全高，计算后导水裂缝带高度为

30～38.77m，冒落带高度为 6.42～9.39m。导水裂缝带高度达到太原组中部（裂隙含水层）。

8 号煤层厚度 1.05～7.67m，平均 4.34m，一次采全高，计算后导水裂缝带高度为 30.49～65.39m，冒落带高度为 6.58～16.09m。导水裂缝带高度达到太原组中部或上部（裂隙含水层）。

煤矿开采对上覆各含水层的破坏和影响分析如下：

（1）对第四系含水层的影响。井田 F_{99} 断层以北地面标高为 1412～1488m，断层以南地面标高为 1412～1441m，山西组 4 号煤层与太原组 5 号煤层在井田 F_{99} 断层以北埋深分别为 228～262m 与 308～312m，在井田 F_{99} 断层以南埋深分别为 121～182m 与 211～252m，第四系全新统砂砾石孔隙含水层总厚度一般不超过 30m。由上导水裂缝带高度计算结果可知，本井田 4 号煤层开采形成的导水裂缝带高度为 20.00～54.32m，5 号煤层开采形成的导水裂缝带高度为 74.50～101.52m，无论在断层以北、以南，导水裂缝带均不会导入第四系地层，且距离较远。

该煤矿井田第四系全新统含水层以下地层为第四系中、上更新统（Q_{2+3}）地层，岩性主要为亚黏土和亚砂土，地层总厚度平均值为 15.90m，可以看作隔水性能较好的黏土质隔水层。除此之外，井田 Q_{2+3} 地层以下分布有侏罗系杂色砾岩，厚度一般为 135m 左右，成岩作用差，下部胶结坚硬，具有较好的隔水作用。因此煤炭开采所形成的导水裂缝带不会波及第四系含水层。

（2）对白垩系左云组砂砾层孔隙含水层的影响。根据地质报告，白垩系左云组砂砾层孔隙含水层分布在井田中西部，厚度不稳定，以砂砾为主，主要接受大气降水补给，经短途径流在地形低洼处溢出地表形成泉，与地表水、潜水有水力联系，富水性弱。

导水裂缝带计算结果表明，无论在断层以北、以南，导水裂缝带不会导入白垩系左云组砂砾层孔隙含水层，煤炭开采所形成的导水裂缝带不会波及白垩系左云组砂砾层孔隙含水层。

（3）对二叠系上、下石盒子组含水层的影响。二叠系上、下石盒子组砂岩裂隙含水层（P_2s、P_1x），岩性以中粗砂岩和砂砾岩为主，胶结较疏松，富水性较好，其上部风化裂隙较发育，形成风化壳潜水储藏带，易接受降水补给，但深部裂隙不甚发育，单位涌水量为 0.0013L/(s·m)，属弱富含水层。

由导水裂缝带计算结果可知，导水裂缝带不会导入二叠系上石盒子组，局部可能伸入下石盒子组下部，上、下石盒子组含水层之间有一定厚度的泥岩、砂质泥岩，均可视作隔水层，沟通性差，起到了隔水作用。因此，煤炭开采形成的导水裂缝带对二叠系上石河盒子组含水层影响有限，局部对下石盒子组含水层有一定程度的影响。

（4）对二叠系下统山西组含水层的影响。山西组砂岩裂隙含水层岩性以灰色粗砂岩及粉细砂岩为主，稳定性差，富水性弱，单位涌水量为 0.00073～0.00092L/(s·m)，渗透系数为 0.0069m/d，属富水性极弱含水层。依导水裂缝带计算结果，山西组 4 号煤层开采导水裂缝带可达山西组顶部，山西组砂岩裂隙水可通过导水裂缝直接进入矿坑，对山西组含水层影响严重。

（5）对石炭系上统太原组含水层的影响。太原组砂岩裂隙含水层岩性主要为灰白、灰

97

褐色石英质中粗砂岩、砾状砂岩，砂岩胶结良好，孔隙性小，富水性弱，单位涌水量为 0.001L/(s・m)，渗透系数为 0.0013m/d，属极弱富水含水层。太原组砂岩裂隙水具有一定的承压性，但由于山西组 4 号煤层底板至该含水层顶板间有一定厚度的泥质岩类存在，具有一定的隔水性，山西组 4 号煤层开采时对该含水层影响不大。

太原组煤层开采导水裂缝带在煤系地层充分发育，砂岩裂隙水层为 5 号煤层直接充水含水层，煤层开采时可通过导水裂缝直接进入矿坑。

综上所述，该煤矿山 4 号、5 号、6 号、8 号煤层全部开采后，最高导水裂缝带高度可达二叠系下石盒子组下部砂岩裂隙含水层。导水裂缝带很有可能会导通石炭系上统太原组灰岩裂隙含水层和二叠系山西组砂岩裂隙含水层，使含水层之间发生水力联系，使含水层地下水转化为矿井水，通过矿井排水方式排出，对 K_2、K_3、K_4、K_7 含水层破坏严重。

虽然最大导水裂缝带高度不会直接导通 K_2、K_3、K_4、K_7 含水层和第四系松散岩类孔隙含水层，二叠系上、下石盒子组风化裂隙含水层，但是地表存在原生裂隙；再者，煤层采空后形成的下沉带可能造成地面塌陷，塌陷区边缘可能发育裂缝并影响地表，通过这些裂缝，第四系松散岩类孔隙含水层，二叠系上、下石盒子组风化裂隙含水层有可能被贯通，并最终受到影响。

【实例 2】 山西太原某煤矿位于西山煤田东北部，井田总占地面积 69.7666km²，生产能力为 385 万 t/a。煤矿主要开采煤层为 2 号、3 号、6 号、7 号、8 号、9 号煤层，采用走向、倾斜长壁式顶板全部垮落法开采各煤层。

根据导水裂缝带的计算结果，2 号煤层开采发育的导水裂缝带高度为 26.73～53.22m，3 号煤层为 18.94～59.44m，6 号煤层为 15.66～66.71m，7 号煤层为 31.21～67.71m，8 号煤层为 46.94～101.73m，9 号煤层为 35.69～53.82m，与地表间距分别为 0～636.92m、0～652.43m、0～683.99m、0～698.26m、0～694.77m、10～722.93m，如图 5-6 所示。

在井田东部浅埋区，2 号、3 号、6 号、7 号、8 号煤层导水裂缝带与地表间距小于 0，即导水裂缝带沟通了上覆岩层，使得导水裂缝带导通地表，存在地表水和大气降水通过导水裂缝带进入矿井的可能，因此东部部分矿区限采。

2. 对上覆含水层影响范围和降深的预测

随着采煤对上覆含水层结构的破坏，上覆含水层中的地下水位会发生相应的时空变化。在矿坑疏干过程中，当矿坑的涌水量及周围的水位呈现相对稳定或非稳定的状态时，即可认为以矿坑为中心形成的地下水辐射流场基本满足稳定井流或非稳定的条件，理论上可将形状复杂的整个井巷系统看作一个具有等效面积的"大井"在工作，则流向整个井巷系统的水量即相当于流向"大井"的水量，整个井巷系统圈定的面积相当于"大井"的面积，从而根据地下水动力学原理，将矿井水文地质边界概化为无限补给边界模式，再利用裴布依稳定流或泰斯非稳定流基本方程来近似计算"大井"疏干范围以及水位降深。

首先分析地下水的类型和疏干流场的水力特征，区分潜水与承压水、稳定流与非稳定流、层流与紊流、平面流与空间流。其次确定边界类型，概化侧向边界、垂向边界和内边界。侧向边界需确定边界类型（隔水边界和补给边界）和边界形态；垂向边界一般概化为

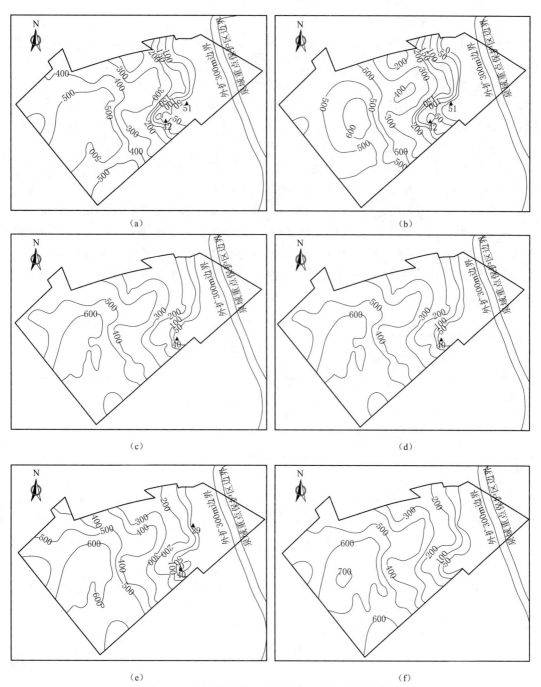

图 5-6　不同煤层导水裂缝带与地表间距等值线图

（a）2 号煤层；（b）3 号煤层；（c）6 号煤层；（d）7 号煤层；（e）8 号煤层；（f）9 号煤层

隔水边界和越流补给边界；内边界一般概化为圆形。

　　"大井法"中相关计算参数的确定，如渗透系数、引用半径及影响半径等可参考第三章"大井法"预测部分。根据建立的数学模型和矿区水文地质资料，分析选取相应公式进行计算（第三章），求得预测点处水位降深，再通过插值得出矿区的水位降深等值线图。

【实例3】　山西某井田南北长 2.368～3.935km，东西宽 1.010～3.160km，井田面积 10.9737km²。根据煤层赋存特征，设计一个主水平和一个辅助水平联合开拓全井田4号、9号、11号煤层。主水平开拓4号、9号煤层，标高为＋1380m；辅助水平开拓11号煤层，标高为＋1350m。服务年限为37.4年。主水平（开采4号、9号煤层）布置2个采区；在辅助水平（开采11号煤层）布置2个采区，共4个采区。首采区是一采区，布置在井田北部的4号、9号煤层中。

根据资料分析，井田煤系地层上覆含水层为石炭系上统山西组和二叠系上、下石盒子组砂岩裂隙含水层，含水层岩性主要为砂砾岩、细～粗砂岩层，接受降水补给，属富水性弱含水层。本次预测采用稳定流的泰斯公式，推算影响范围内的水位降深值，分析排水后二叠系砂岩含水层地下水的水位变化和地下水影响半径。计算分两个阶段，一采区开采完毕（开采11.9年）时和煤矿开采结束（开采37.4年）时采空区周边各点的水位降深，从而得出含水层受影响范围。经过计算，将各点水位降深预测计算结果列于表5-1、表5-2。

表5-1　　　　　　　　　　　　开采 11.9 年时预测结果表

预测点距离/m	50	100	200	300	400	500	600	650	698
水位降深/m	20.87	12.17	8.12	6.69	4.41	2.64	1.2	0.56	0

表5-2　　　　　　　　　　　　开采 37.4 年时预测结果表

预测点距离/m	50	100	200	300	400	500	600	700	772.8
水位降深/m	30.28	22.61	14.95	10.46	7.28	4.81	2.8	1.09	0

由以上计算结果可以得出：

（1）煤矿开采11.9年后，开采面积约为 1.53km²，距离开采区域50m处地下水水位下降20.87m，随着开采边界越远，含水层受到影响越小，在距离采空区698m处，水位下降值为0，此时煤层开采对地下水的影响范围为 6.15km²，如图5-7(a)所示，此时对含水层影响剖面（I-I′）示意图如图5-8(a)所示。

（2）煤矿开采37.4年后，开采面积达到 6.8km²，距离开采区域50m处地下水水位下降值达 6.12m，随着距离的增大，水位降深越来越小，在半径 $r=772.8$m 时，水头下降为0m，将此时的影响范围作为煤矿开采对地下水的影响范围，影响面积约为 18.08km²，对地下水影响范围较大，如图5-8(a)所示，此时对含水层影响剖面（II-II′）示意图如图5-8(b)所示。

三、采矿对下伏含水层的影响分析

采煤形成采空区后，煤层底板因上覆卸荷而发生应力释放，会形成卸荷裂隙。如果底板卸荷裂隙范围内存在含水层或可导通连接含水层，则发生突水可能性较大。一旦下伏含水层发生突水事故，将严重破坏地下水径流平衡，使下伏含水层地下水资源遭到破坏。分析采矿对下伏含水层影响的方法，仍然可以借用突水系数法。

【实例4】　山西太原某井田位于晋祠泉域范围内，处于泉域岩溶水东部埋藏径流区。

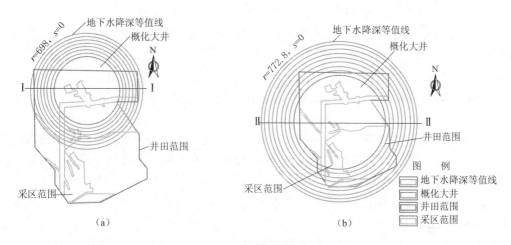

图 5-7　煤层开采不同年限后地下水影响范围

(a) 11.9 年；(b) 37.4 年

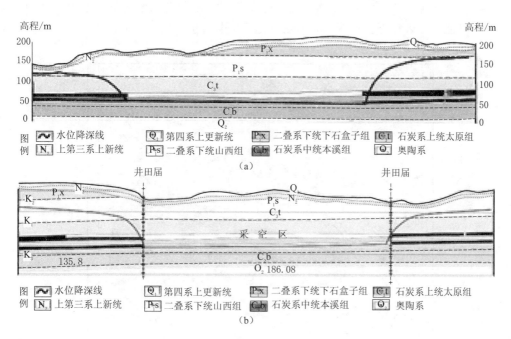

图 5-8　煤层开采不同年限后含水层受影响剖面（Ⅰ-Ⅰ′）示意图

(a) 11.9 年；(b) 37.4 年

全矿共有上、中、下三组 5 层可采煤层，由上至下顺次 2 号、3 号、6 号、8 号、9 号煤层，采用走向（倾斜）长壁高档普采和综采，一次采全高的采煤方法，全部垮落法管理顶板。

　　煤矿 2 号、3 号、6 号煤层水文地质类型为中等，8 号、9 号煤层水文地质类型为复杂。下组煤的间接含水层为峰峰组和上马家沟组岩溶含水层，二水平延深开采煤层全部至奥灰水位之下，最大承压水头达 439m，井田内断层、陷落柱发育。

根据煤矿奥灰水井下水文长观孔 2018 年 3 月 20 日最新观测成果资料，峰峰组岩溶水水位标高在 792～803m 之间；井田内二水平山西组 2 号、3 号煤层底板标高分别在 480～740m、460～740m；二水平太原组 6 号、8 号、9 号煤层底板标高分别在 440～840m、420～820m、420～800m（二水平上组煤与下组煤划分范围不一致）。各煤层大部分地段为带压开采。

煤矿开采对奥灰水的影响主要表现在因煤矿开采造成奥灰水突水，进而影响奥灰水水量。本井田奥陶系灰岩含水层中的地下水流向为自西北向东南，其补给来源主要为泉域北部灰岩裸露区的降水入渗补给及北部汾河渗漏补给；排泄主要以晋祠泉的形式在区外排出；其次是对其进行的人工开采及矿坑排水。以 2 号和 9 号煤层开采为例，分别说明煤矿开采对奥灰水的影响。

根据井田岩溶水位标高，带压区各煤层钻孔底板标高及隔水层厚度资料，计算得 2 号煤层最大突水系数 0.037MPa/m，小于底板受构造破坏块段临界突水系数值 0.06MPa/m 的规定。因此，在不存在导水构造的情况下，开采 2 号煤层时发生突水的危险性小，对下伏奥灰水的影响小（图 5-9 中的 Ⅰ 区）；在存在断层导水构造的情况下，发生突水的危险性较大，可能导通破坏下伏奥灰水含水层（图 5-9 中的 Ⅱ 区）。

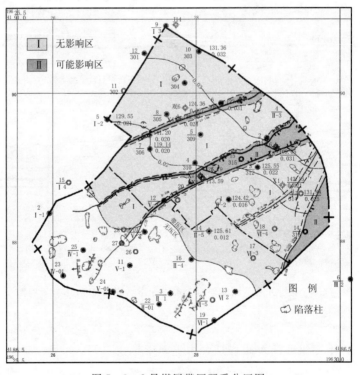

图 5-9　2 号煤层带压开采分区图

9 号煤层最大突水系数 0.087MPa/m，部分地段的突水系数大于临界值 0.06MPa/m 的规定，因此，该部分地段即使不存在导水构造，也有较大可能发生底板突水，影响下伏岩溶含水层（图 5-10）。

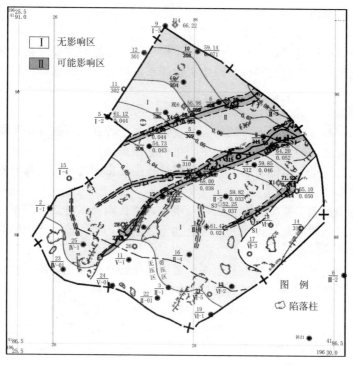

图 5-10　9 号煤层带压开采分区图

第二节　矿区地下水污染及其影响预测

一、矿区地下水污染类型及特征

在矿区范围内，从采场、选厂、尾矿坝、废石场和生活区等地点排出的废水，可能污染地下水。据统计，若不考虑回水利用，每生产 1t 矿石，废水排放量为 $1m^3$ 左右；生产 1t 原煤从井下排出废水 $0.5 \sim 10m^3$ 不等，最高可达 $60m^3$。而且有些矿山关闭后，还会有大量的废水继续污染矿区环境。矿山废水排放量大、持续性强，并含有大量的重金属离子、酸和碱、固体悬浮物、各种选矿药剂，在个别矿山废水中甚至还含有放射性物质等。

采煤对地下水水质的影响主要包括：①矿井废水排放到地表和河流中，污染沿线地下水；②煤矿废水跑、冒、滴、漏污染地下水；③固体废弃物堆放场，在降水作用下溶滤矸石中的污染质渗入地下水中；④地下开采串通不同水质的含水层。

1. 矿坑水排放污染地下水

沿井巷流动的矿坑水溶解和掺入了各种可溶物质和固体微粒、油类、脂肪及微生物等，会使地下水的成分发生显著变化。矿坑水污染可分为矿物污染、有机物污染及细菌污染，在某些矿山中还存在放射性物质污染和热污染。矿物污染物有砂泥粒、矿物杂质、粉尘、溶解盐、酸和碱等；有机污染物有煤炭颗粒、油脂、生物代谢产物、木材及其他物质氧化分解产物；细菌污染主要是霉菌、肠菌等微生物污染。

随着矿井的开发，大量未经处理的矿井水直接排放，污染物排入河道后引起地表水污染，导致浅层地下水污染。

2. 工业场地"跑、冒、滴、漏"污染地下水

煤矿工业场地中通过"跑、冒、滴、漏"排出的工业原料主要包括选煤厂废水，有的煤矿中建有焦化厂以及煤制气厂也会产生工业废水，这些工业废水排出以后，渗入地下会造成地下水污染。

3. 煤矸石淋滤液污染地下水

煤矸石是采煤和洗煤过程中排放的固体废物，是一种在成煤过程中与煤层伴生的一种含碳量较低、比煤坚硬的黑灰色岩石。主要包括巷道掘进过程中的掘进矸石，采煤过程中从顶板、底板及夹层里采出的矸石，以及洗煤过程中挑出的洗矸石。煤矸石对地下水污染主要有以下两种形式：

（1）煤矸石中的无机盐类具有很强的可溶性，在长期降水淋滤作用下，这些可溶污染组分以溢流水为运动载体向外排泄并下渗进地下含水层，导致地下水无机盐类组分含量升高，造成地下水严重污染。

（2）污染物的露天堆积使岩石从原来的还原环境转化为氧化环境，在长期风化的作用下，岩石的内部结构被破坏，使矿物晶格中的离子分解游离出来，由原来的化合态转化为游离态，使污染物组分的能量系数降低，溶解度升高，迁移能力增强。上述各种来源的污染物在进入含水层的过程中与周围介质之间发生了一系列的物理化学作用，使地下水组分发生改变，导致了地下水严重污染。

二、矿区地下水水质影响预测

1. 污染源强分析

污染源强应在综合分析拟建项目工程特征与地下水环境背景的基础上确定，包括污染源的分布位置、排泄量与浓度、进入地下含水层的途径与方式、进入含水层的水量和浓度等。

正常状况下，预测源强应结合建设项目工程分析和相关设计规范确定；非正常状况下，预测源强可根据工艺设备或地下水环境保护措施按系统老化或腐蚀程度等设定。

2. 预测因子的选取原则

预测因子应根据建设项目污废水成分、液体物料成分、固废浸出液成分等确定。选取重点应包括以下几点：

（1）按照重金属、持久性有机污染物和其他类别进行分类，并对每一类别中各项因子采用标准指数法排序，分别取标准指数最大的因子作为预测因子。

（2）现有工程已经产生的且改、扩建后将继续产生的特征因子，改、扩建后新增加的特征因子。

（3）污染场地已查明的主要污染物。

（4）国家或地方要求控制的污染物。

3. 矿区地下水污染预测

污染质进入含水层后，随着水流的运移而扩散，其运移距离、范围和浓度可以采用解析法或数值法进行预测。

采用解析模型预测污染物在含水层中扩散时，一般应满足以下条件：①污染物的排放对地下水流场没有明显的影响；②评价区内含水层的基本参数（如渗透系数、有效孔隙度等）不变或变化很小。表5-3列出了常用的解析法计算公式。

解析法预测水质运移模型

表 5 - 3

水流条件	瞬时点源	连续点源	式中符号
一维稳定流一维水动力弥散	$$C(x,t)=\frac{m/w}{2n\sqrt{\pi D_L t}}\,e^{-\frac{(x-ut)^2}{4D_L t}}$$	$$\frac{C}{C_0}=\frac{1}{2}erfc\left(\frac{x-ut}{2\sqrt{D_L t}}\right)+\frac{1}{2}e^{\frac{ux}{D_L}}erfc\left(\frac{x+ut}{2\sqrt{D_L t}}\right)$$	$C(x,t)$——t时刻x处的示踪剂浓度，g/L; C_0——注入示踪剂浓度，g/L; x——距注入点的距离，m; t——时间，d; m——注入的示踪剂质量，kg; w——横截面积，m²; u——水流速度，m/d; n——有效孔隙度，无量纲; D_L——纵向弥散系数，m²/d
一维稳定流二维水动力弥散	$$C(x,y,t)=\frac{m_M/M}{4\pi n\sqrt{D_L D_T}\,t}\,e^{-\left[\frac{(x-ut)^2}{4D_L t}+\frac{y^2}{4D_T t}\right]}$$	$$C(x,y,t)=\frac{m_t}{4\pi Mn\sqrt{D_L D_T}}\,e^{\frac{xu}{2D_L}}\left[2K_0(\beta)-w\left(\frac{u^2 t}{4D_L},\beta\right)\right]$$ $$\beta=\sqrt{\frac{u^2 x^2}{4D_L^2}+\frac{u^2 y^2}{4D_L D_T}}$$	x,y——计算点的位置坐标; M——承压含水层的厚度，m; m_M——长度为M的线源瞬时注入的示踪剂质量，kg; D_T——横向y方向的弥散系数，m²/d; m_t——单位时间注入的示踪剂质量，kg/t; $K_0(\beta)$——第二类零阶修正贝塞尔函数; $W\left(\frac{u^2 t}{4D_L},\beta\right)$——第二类越流系统井函数; 其余同上

【实例5】 山西山阴某煤矿工业场地建（构）筑物按功能用途划分为四个区：主生产区、辅助生产区、行政办公区和单身居住区。工业场地位于井田北部的大斜沟沟谷中，行政办公区、单身居住区位于工业场地的西侧，本项目不单独设置排矸场。本区浅层含水层为第四系松散孔隙含水层和二叠系砂岩风化裂隙含水层。

矿井水处理站污水中含有 SS、COD、石油类，选取石油类为模拟预测因子；生活污水处理站污水中含有 SS、BOD_5、COD、NH_3-N 等，选取氨氮为模拟预测因子。本次预测主要考虑生产期间矿井水处理站及生活污水处理站跑、冒、滴、漏可能会通过包气带进入浅层地下水，造成地下水水质污染。

本工程矿井水处理量为 $511m^3/d$，生活污水产生量为 $192.87m^3/d$。假定在污水池防渗层失效后，污染物发生渗漏，直接进入包气带，向下渗透进入浅层含水层。假设调节池面积的 10% 发生泄漏，包气带吸收率按渗漏量的 70% 计算，污水中氨氮浓度取最大进水水质指标 200mg/L，污水中石油类浓度取最大进水水质指标 0.5mg/L，通过包气带下渗到地下水中的氨氮为 1.16kg，石油类为 0.008kg。

工业场地中矿井水处理站、生活污水处理站污水泄漏视为连续注入，忽略吸附作用、化学反应等因素，采用一维稳定流二维水动力弥散-平面连续点源公式预测（表 5-1）。

预测参数的确定：x 坐标选取与地下水水流方向相同，y 坐标选取与地下水水流垂直方向，以污染源为坐标零点。计算时间 t 依据污染物在含水层的净化时间确定。确定含水层的平均渗透系数为 0.25m/d，含水层平均厚度为 20m，有效孔隙度根据经验值取 20%；水流速度为渗透系数、水力坡度的乘积除以有效孔隙度，工业场地的水力梯度约为 4.2%，计算得水流速度约为 0.053m/d；纵向弥散系数、横向弥散系数分别为 $2.2m^2/d$、$0.22m^2/d$。

本次预测非正常工况下矿井水处理站、生活污水处理站泄漏 10 年和整个矿井服务年限 37.4 年后，污染物进入潜水层后的迁移情况。计算结果见表 5-4～表 5-7。

根据计算结果，工业场地非正常工况下矿井水处理站、生活污水处理站发生泄漏，煤矿服务年限 37.4 年后，矿井污水沿潜水层地下水水流方向向下游的最大迁移距离为1150m，往上游弥散最大距离为 550m，往左侧弥散最大距离为 310m，往右侧弥散最大距离为 310m。生活污水向下游的最大迁移距离为 650m，往上游弥散最大距离为 350m，往左侧弥散最大距离为 160m，往右侧弥散最大距离为 160m。

由此可见，如果工业场地矿井水处理站、生活污水处理站发生泄漏，且未及时采取相应有效的补救措施，服务年限 37.4 年后，污染物将往下游迁移进入大梁沟，当雨季来临将会随着河水向下游运移更远。

表 5-4　　　　矿井水泄漏 10 年石油类污染物迁移距离及浓度　　　　单位：mg/L

x 方向距离/m　　　y 方向距离/m	−250	−200	−100	−50	50	150	240	310	360
−100					0.0001				
−90				0.0001	0.0006	0.0002			
−80			0.0002	0.0011	0.0049	0.0018	0.0001		

x方向距离/m y方向距离/m	−250	−200	−100	−50	50	150	240	310	360
−50		0.0001	0.0326	0.2027	0.9291	0.2681	0.0115	0.0002	
−20	0.0001	0.0021	0.7763	6.9755	31.9808	4.9301	0.1669	0.0037	0.0001
0	0.0001	0.0036	1.5936	20.2767	92.9628	8.9520	0.28	0.0054	0.0003
20	0.0001	0.0021	0.7763	6.9755	31.9808	4.9301	0.1669	0.0037	0.0001
50		0.0001	0.0326	0.2027	0.9291	0.2681	0.0115	0.0002	
80		0.0002	0.0011	0.0049	0.0018	0.0001			
90				0.0001	0.0006	0.0002			
100					0.0001				

表 5−5　　**矿井水泄漏37.4年石油类污染物迁移距离及浓度**　　单位：mg/L

x方向距离/m y方向距离/m	−350	−300	−200	−100	−10	50	200	370	430	530	650
−160							0.0001				
−150					0.0001	0.0002	0.0004	0.0001			
−140				0.0001	0.0004	0.0008	0.0014	0.0002	0.0001		
−110			0.0001	0.0023	0.0149	0.0328	0.0498	0.0066	0.0018	0.0001	
−70		0.0001	0.0044	0.1089	0.7813	1.6796	1.9470	0.198	0.0505	0.0027	
−20	0.0001	0.0007	0.0597	2.7074	38.7303	64.7473	26.3932	1.7866	0.4275	0.0214	0.0001
0	0.0001	0.0009	0.0775	4.172	198.1853	137.2404	34.2548	2.1815	0.5181	0.0258	0.0001
10	0.0001	0.0007	0.0597	2.7074	38.7303	64.7473	26.3932	1.7866	0.4275	0.0214	0.0001
80		0.0001	0.0044	0.1089	0.7813	1.6796	1.9470	0.198	0.0505	0.0027	
120			0.0001	0.0023	0.0149	0.0328	0.0498	0.0066	0.0018	0.0001	
140				0.0001	0.0004	0.0008	0.0014	0.0002	0.0001		
150					0.0001	0.0002	0.0004	0.0001			
160							0.0001				

表 5−6　　**生活污水泄漏10年氨氮迁移距离及浓度**　　单位：mg/L

x方向距离/m y方向距离/m	−350	−300	−200	−100	−10	50	200	370	430	530	650
−160							0.0001				
−150					0.0001	0.0002	0.0004	0.0001			
−140				0.0001	0.0004	0.0008	0.0014	0.0002	0.0001		
−110			0.0001	0.0023	0.0149	0.0328	0.0498	0.0066	0.0018	0.0001	
−70		0.0001	0.0044	0.1089	0.7813	1.6796	1.9470	0.198	0.0505	0.0027	
−20	0.0001	0.0007	0.0597	2.7074	38.7303	64.7473	26.3932	1.7866	0.4275	0.0214	0.0001

续表

y 方向距离/m \ x 方向距离/m	−350	−300	−200	−100	−10	50	200	370	430	530	650
0	0.0001	0.0009	0.0775	4.172	198.1853	137.2404	34.2548	2.1815	0.5181	0.0258	0.0001
10	0.0001	0.0007	0.0597	2.7074	38.7303	64.7473	26.3932	1.7866	0.4275	0.0214	0.0001
80		0.0001	0.0044	0.1089	0.7813	1.6796	1.9470	0.198	0.0505	0.0027	
120			0.0001	0.0023	0.0149	0.0328	0.0498	0.0066	0.0018	0.0001	
140			0.0001	0.0004	0.0008	0.0014	0.0002	0.0001			
150				0.0001	0.0002	0.0004	0.0001				
160								0.0001			

表 5－7　　　　　　　　　生活污水泄漏37.4年氨氮迁移距离及浓度　　　　　　　单位：mg/L

y 方向距离/m \ x 方向距离/m	−550	−400	−350	−200	−50	50	200	400	650	800	950	1150
−310				0.0001	0.0002	0.0003	0.0004	0.0001				
−300			0.0001	0.0003	0.0004	0.0006	0.0008	0.0003				
−250			0.0001	0.0014	0.0077	0.0105	0.0149	0.0195	0.0077	0.0001		
−200		0.0001	0.0016	0.0222	0.1269	0.1733	0.2449	0.3089	0.1117	0.0043	0.0001	
−50	0.0001	0.0054	0.2188	4.9015	52.6684	77.5309	101.6881	68.1101	13.1376	0.36	0.0169	0.0001
−10	0.0001	0.0073	0.3120	7.9937	161.6608	353.4266	312.1223	111.0774	18.3606	0.4803	0.0223	0.0002
0	0.0001	0.0074	0.3167	8.1701	178.03	561.5919	343.7267	113.5298	18.6211	0.4861	0.0226	0.0002
10	0.0001	0.0073	0.312	7.9937	161.6608	353.4266	312.1223	111.0774	18.3606	0.4803	0.0223	0.0002
50	0.0001	0.0054	0.2188	4.9015	52.6684	77.5309	101.6881	68.1101	13.1376	0.36	0.0169	0.0001
200		0.0001	0.0016	0.0222	0.1269	0.1733	0.2449	0.3089	0.1117	0.0043	0.0001	
250			0.0001	0.0014	0.0077	0.0105	0.0149	0.0195	0.0077	0.0001		
300			0.0001	0.0003	0.0004	0.0006	0.0008	0.0003				
310				0.0001	0.0002	0.0003	0.0004	0.0001				

第三节　矿区水资源保护措施

一、留设保护煤柱

根据国家和地方部门有关规定，在水源地保护区和泉域重点保护区禁止矿产开采活动，要留设足够的保护煤柱，以保护重点区域水资源不受煤矿开采的影响。保护煤柱的留设可采用解析法或数值法进行论证。

【实例 6】　东古城煤矿井田位于山西左云县小京庄乡，井田西北部边界距神头泉域边界约 4.7km，处于神头泉域岩溶水北部边界内补给-径流区。井田东南部是东古城饮用水水源地（图 5－11），担负县城西城区 2 万多城镇居民生活用水任务。根据井田煤层开采导水裂缝带及冒落带高度计算，发现煤矿开采可能对以第四系含水层为供水目的层的东古城水源地水源井及东古城村浅水井产生较大影响。采用数值法论证如何留设保护煤柱以保护水源地不受影响。

（1）开采方案设置。计算思路：通过数值模拟计算，分析开采区开采后井田及周边目标含水层地下水水位变化情况。通过计算得出开采煤炭资源量最大、对水源地影响最小的方案。因此本次模拟主要考虑以下方案：

1）方案一为一盘区由西向东工作面推进500m为开采区。

2）方案二为在一盘区由西向东工作面推进500m的基础上，每次增加推进50m为开采区，直到模拟结果对水源地有重大影响为止。

3）方案三为一盘区工作面推进至水源地一级保护区外50m为开采区。

4）方案四为一盘区、二盘区由西向东工作面推进500m为开采区。

5）方案五为一盘区、二盘区由西向东工作面推进500m的基础上，一盘区每次增加推进50m、二盘区每次增加推进100m为开采区，直到模拟结果对水源地有重大影响为止。

6）方案六为一盘区、二盘区工作面推进至水源地一级保护区外50m为开采区。

（2）模拟预测。

1）方案一。图5-12所示是方案一的模拟结果。一盘区西部500m开采后形成降水漏斗，水源地保护区内水位没有受到采动影响，水源井水位没有变化。

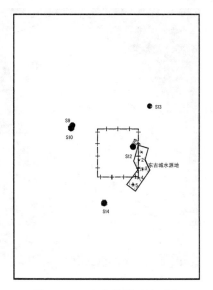

图5-11　东古城煤矿地下水
保护目标分布图

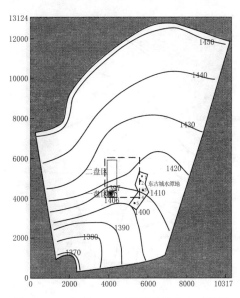

图5-12　方案一：一盘区推进500m煤层
开采后水位线图

2）方案二。图5-13所示是方案二的模拟结果。从图中水位线分布情况可知，推进500m+50m时，水源地保护区内水位没有受到采动影响，水源井水位没有变化。推进500m+100m时，水源地保护区水位受到采动影响，水位降深在0～0.8m，此时水源井水位仍没有变化。推进500m+150m时，水源地保护区水位受到采动影响，水位降深在0～4.6m，此时水源井水位变化0～2.2m，对水井开采影响小。推进500m+200m时，水源地保护区水位受到采动影响，水位降深在 0～12.6m，此时水源井水位变化 0～4.2m，对水井开采影响较小。

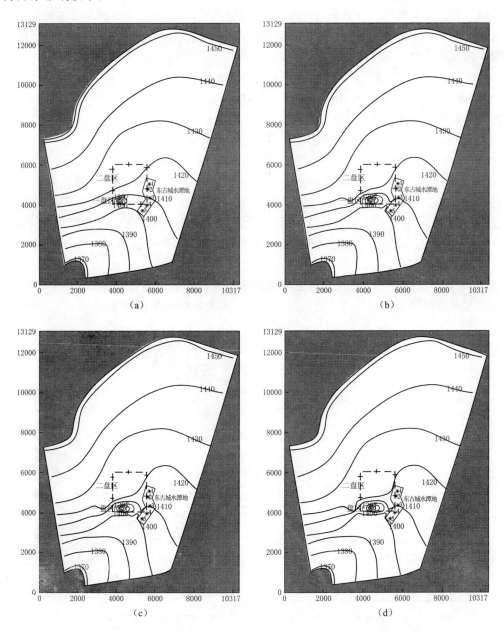

图 5-13 方案二：一盘区不同推进距离的水位线图
(a) 500m+50m；(b) 500m+100m；(c) 500m+150m；(d) 500m+200m

3）方案三。图 5-14 所示是方案三的模拟结果。此时水源地的水位降深约为 24m，对水井开采影响严重。

4）方案四。图 5-15 所示是方案四的模拟结果。此时水源地保护区水位未受到采动影响，水源井水位也无变化。

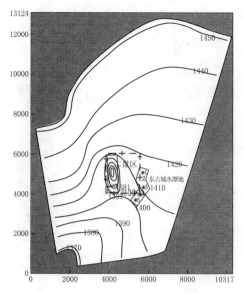

图 5-14　方案三：一盘区开采后水位线图

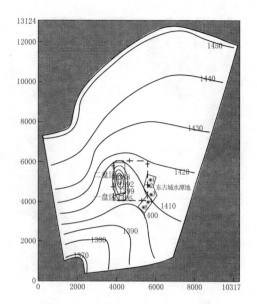

图 5-15　方案四：一盘区、二盘区
推进 500m 煤层开采后水位线图

5）方案五。图 5-16 所示是方案五的模拟结果。从图中水位线分布情况可知，一盘区、二盘区均推进 500m+100m 时，水源地保护区水位未受到采动影响，此时水源井水位仍没有变化。一盘区推进 500m+150m、二盘区推进 500m+200m 时，水源地保护区水位受到采动影响，水位降深在 0～1.6m，此时水源井水位仍没有变化。一盘区推进 500m+200m、二盘区推进 500m+300m 时，水源地保护区水位受到采动影响，水位降深在 0～16.3m，此时水源井水位变化 0～3.4m，对水井开采影响较小。一盘区推进 500m+200m、二盘区推进 500m+400m 时，水源地保护区水位受到采动影响，水位降深在 0～21.5m，此时水源井水位变化 0～8.7m，对水井开采影响较大。

6）方案六。图 5-17 所示是方案六模拟结果。可以看出，一盘区、二盘区联采工作面推进至水源地一级保护区外 50m 时，水源地的水位降深约为 47m，对水井开采影响严重。

二、工业广场分区防渗措施

结合煤矿建设项目各生产设备、管廊或管线、储存与运输装置、污染物储存与处理装置、事故应急装置等的布局，根据可能进入地下水环境的各种有毒有害原辅材料、中间物料和产品的泄漏（含跑、冒、滴、漏）量及其他各类污染物的性质、产生量和排放量，划分污染防治区，提出不同区域的地面防渗方案。根据分区防渗原则，分为重点防渗区、一般防渗区和简单防渗区。

1. 重点防渗区

重点防渗区指煤矿处于地下或半地下的生产功能单元，如埋地管道、地下容器、储罐及设备、地下污水池、油品储罐的罐基础等区域或部位。这些区域或部位一旦出现设备腐蚀穿孔，地基不均匀沉降造成管道和罐基础地基变形等情况，就会发生物料和污染物泄漏，并深入土壤，进入地下水，对地下水环境造成影响。重点防渗区的防渗要求：确保各

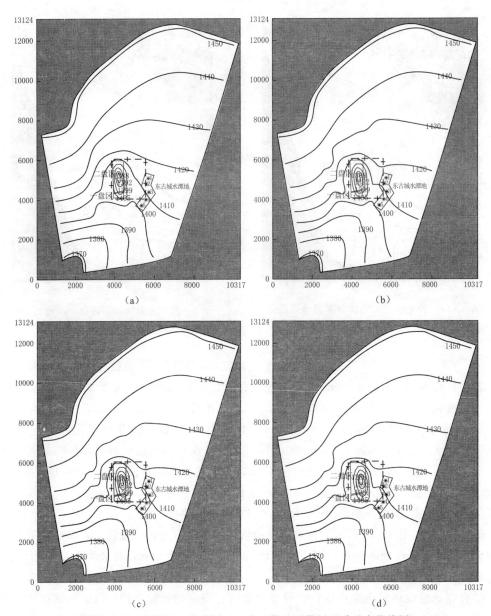

图 5-16　方案五：一盘区、二盘区推进时煤层开采后水位线图

（a）一盘区、二盘区均推进 500m＋100m；（b）一盘区推进 500m＋150m、二盘区推进 500m＋200m；
（c）一盘区推进 500m＋200m、二盘区推进 500m＋300m；（d）一盘区推进 500m＋200m、二盘区推进 500m＋400m

单元防渗层达到等效黏土防渗层不小于 6.0m、防渗层渗透系数不大于 1.0×10^{-7} cm/s。

2. 一般防渗区

一般防渗区指煤矿企业的地面工程区，指裸露于地面之上的生产功能单元（如架空设备、管道、容器、地面明沟等）。这些设备、区域发生损坏，出现物料和污染物泄漏现象，可及时被人或仪器发现与报警，及时得到处理，而且，即使物料和污染物泄漏出来，也首先落在地面上，短时间内不会大量渗入土壤及地下水。一般防渗区的防渗要求：确保各单元防渗层达到等效黏土防渗层不小于 1.5m、防渗层渗透系数不大于 1.0×10^{-7} cm/s。

3. 简单防渗区

简单防渗区为办公区、宿舍、食堂、厂区道路等其他区域，应采取混凝土地面硬化。

三、矸石场地下水保护措施

完整的排矸场应包括以下的工程和设施（图 5-18）：

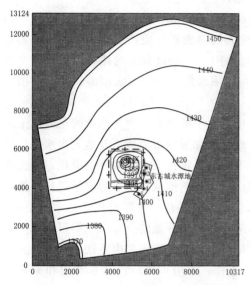

图 5-17 一盘区、二盘区联采工作面推进至水源地一级保护区外 50m 水位线图

图 5-18 排矸场工程布置图

（1）拦矸坝建设。为防止矸石被水冲刷与流失，在初期坝下游设拦矸坝，主要包括一级子坝、二级子坝和三级子坝等。

（2）排矸场防渗。为防止矸石淋溶水对当地地下水环境造成影响，矸石场底部必须做一定的防渗工程处理。

（3）排水竖井及排水廊道。在排矸场底部设置排水廊道，矸石场内的雨水通过排水竖井汇入排水廊道以便及时排出矸石场。

（4）截洪沟。为防止雨水径流进入排矸场，在排矸场周边设截洪沟，减少进入排矸场洪水量。

（5）矸石淋溶液收集利用。在矸石场下游设淋溶液导出及收集装置收集淋溶液，运至矿井工业场地内的矿井水处理系统处理后回收利用，不外排。

（6）复土造林。排矸场填满后，顶面整平复土造林或植草、绿化，斜坡面做成草皮护坡。

第四节 矿区排供结合及综合利用

一、矿区排供结合及综合利用意义

煤炭是我国的主要能源，占我国一次性能源消耗量的 70% 左右，这种以煤为主的能源结构在今后相当长时期内不可能发生根本性变化。煤炭开采作为一种地下活动，不可避免地对地下含水系统造成局部破坏和污染。据不完全统计，我国矿井年总排水量在 22 亿 m³ 以上，其中国有重点煤矿达 17.24 亿 m³，而其再利用率目前仍很低。除了排放矿井水外，矿区每年还大量外排选煤废水、工业废水和生活污水。据统计，国有重点煤矿 2000 年工业废水排放量为 1.76 亿 m³，生活污水排放量为 1.54 亿 m³。目前大部分矿区未采取科学的节水和污水回用措施，水资源的浪费十分惊人。

　　在煤炭开采大量排放和破坏水资源的同时，矿区工农业用水短缺现象却极为严重。据调查，全国 85 个国有重点矿区有 71% 的矿区缺水，40% 的矿区属严重缺水。例如山西是我国重要的产煤大省，煤炭的年产量约占全国产量的 1/4，但该省人均拥有水量仅占全国人均量的 1/5，许多煤矿生活用水十分紧张，不得不采取定时分片供水措施，甚至饮用不合格生活用水。

　　水资源短缺已严重制约矿区经济发展和人民生活水平的提高。更为严重的是，由于采矿活动中大量地超极限疏排地下水，一些能源基地及其邻近城市的地下及地表水水位急剧下降，大量矿坑污水排放地面造成矿区地表、地下水的严重污染和农耕环境退化，生态自然平衡受到严重破坏。为此，许多地方的政府部门已对煤矿抽取地下水的总量进行严格限制；另有一些地方正准备采取大幅度提高水资源费的经济手段，来限制煤矿抽取地下水。如果在矿床勘探和开采设计时都把排水与供水和综合利用很好地结合起来，则可以采用矿床预先疏干的措施排出大量洁净的地下水，有偿地供给工农业用水和生活饮用水，甚至从矿井排出的少量矿坑水也可以净化处理后使用。这样，不但可以降低排水费用和采矿成本，还可以解决因水大而无法开采的矿藏，从而使其发挥综合的经济效益。

二、矿区排供结合及综合利用模式

　　矿山排水与供水结合的模式可以是多种多样的，主要是根据当地的地质、水文地质条件和矿山开采与供水的要求而定。

1. 利用矿坑排水的排供结合模式

　　这种模式在我国应用得最早，排供结合的矿井也比较多。这种模式一般是在勘探和开采设计时都没有考虑排供结合，而主要是根据矿山的排水量和水质来考虑供水的目的及净化处理的方法和措施。当水中不含特殊有毒物质，常常是不经处理或简单处理后即作为农业供水水源；作为工业用水和生活用水则必须进行严格的处理。如河南焦作市的焦东水厂、焦西水厂、中马村水厂、化工三厂以及电厂的用水水源很多来自焦作煤矿排出的水；唐山开滦矿务局吕家坨矿排出的矿井水已作为工业用水的水源；江苏贾旺煤矿将矿井水作为电厂、洗煤厂和焦化厂的供水水源，还用于灌溉稻田 5000 多亩。这种矿坑水排出后综合利用的例子不胜枚举。

2. 矿床预先疏干的排供结合模式

　　这种模式是根据矿床水文地质条件、矿床开采的需要和供水的要求而采取的。预先疏干主要有两种方式：一种是利用深井地表排水疏干；另一种是在井下巷道、硐室和放水孔放水疏干。前者对排水结合较好，如广东石录铜矿是露天开采的矿山，采用地表深井疏干，降低矿体底板黄龙灰岩强岩溶带承压含水层的地下水位，使采矿工作不受地下水的威胁。该采场始建于 1966 年，1970 年末挖到地下水位以下，开始大量排水，到 1990 年日排水量约 99000m³，深井地表疏干所排出的水，除部分井受降雨影响及附近水池影响常出浑水外，大部分都是清澈透明水质较好的水，不经处理即可作为工业用水和生活用水，还将多余的水供给农田灌溉。

3. 矿床帷幕注浆的排供结合模式

这种模式最主要的是考虑矿床水文地质条件、开采的经济效益、工农业和生活供水的需求与环境保护。如山东济南市郊区张马屯铁矿，位于东郊 5km 左右，是济南铁矿区中规模较大的硅卡岩型磁铁矿富铁矿床之一，矿体平均埋藏深度为 230～260m，厚度一般为 30m，底板为闪长岩。

矿床位于济南单斜自流构造的承压区，主要含水层为中奥陶统石灰岩，其特点是厚度大、埋藏深、岩溶裂隙发育，透水性好，富水性强，具有较高的承压水头。经坑道放水试验，预测最终开采水平最大涌水量超过 40 万～45 万 m^3/d，在天然状态下，地下水自南向北径流，在采矿条件下，除矿床东部的 F_1 断层阻水外，其他南、西、北三面及顶板都进水。

矿山周围工厂企业星罗棋布，如济南钢铁厂、化肥厂、机床厂、东郊自来水厂、砌块厂、肉联厂、炼油厂等尤其是矿山西面仅 2km 的黄台电厂是鲁中电网的重要组成部分，是济南市照明和动力电源的唯一来源，这些企业和农业灌溉及生活用水，每天从地下取水达 30 万 m^3，形成了济南地区地下水降落漏斗最低部位。这些水源都取自奥陶系灰岩含水层，这一含水层水力联系很好，虽然各企业的水源地隶属不一，但就地下水资源来说是一个整体。

根据以上条件分析张马屯铁矿如果采用预先疏干地下水，地下水头需要降至采矿最终水平的 430m 深度。不仅形成 10km 以上的庞大漏斗，而且直接破坏周围水源地。以每天疏干 40 万 t 地下水，水头下降 430m 的情况下来计算，电厂水位要下降至地表以下 185.20m，则提水设备失效，水源地遭到破坏，在 12190m^2 范围内的各水源地，不同程度的都受到影响，必然导致采矿与工农业和生活用水的严重矛盾，同时对济南市内的风貌也将是一个重大威胁，"家家泉水，户户垂杨"的风光将不复存在，对济南市城内城外的环境有很大的改变。

考虑到济南市城乡工农业生活供水的需要以及环境保护，并考虑矿山安全、经济效益和矿床水文地质条件等，遂采用了帷幕注浆的开采方法与供水结合的模式（图 5-19），

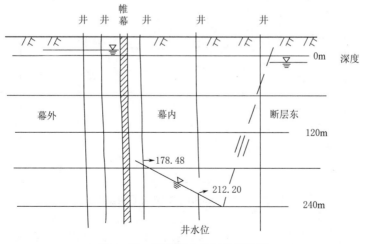

图 5-19 帷幕堵水后漏斗剖面图

并于 1983 年 10 月经国家技术鉴定，隔水效果已达到 80％。经 6 年开采验证，帷幕内外的水头差已达到 200m 以上，既保护了泉域的水环境和济南市东的大片水源地，又大大减少了矿坑排水量，每年节约排水费用 219 万元，节约电能 1900 万 kW·h 以上。

4. 采用截留的排供结合模式

这种模式主要是把供水的水源与矿床排水疏干的地下水的水力联系用人工注浆的方法全部或大部分截断，以便排供结合。截流有各种各样的模式，主要依水文地质结构而定。

焦作煤矿区的截流主要是在演马庄矿进行的。其方法就是堵截岩溶水隐伏的补给口。演马庄矿的主要含水层有冲积层、石炭系的第八层灰岩（简称 L_8）、第二和三层灰岩（简称 L_2、L_3）和奥陶系灰岩（简称 O_2）。其中冲积层在凿井时涌水量为 $8\sim12m^3/min$，为很好的供水水源。L_8 为裂隙岩溶水，为矿井当前开采的主要直接出水层，在井下发生突水 12 次，其正常涌水量为 $50\sim75m^3/min$，最大为 $89m^3/min$，突水后，冲积层水位曾下降 19m。

L_2、L_3 亦为裂隙岩溶水，距奥陶系灰岩很近，易接受补给。在井下曾发生 2 次突水，水量最大达 $240m^3/min$，造成淹井。但因其距现在开采的煤层较远，没有断层，不会发生突水。O_2 灰岩广泛出露于北部太行山区，受水面积约 $1073m^2$，在矿区为最主要的裂隙岩溶含水层，也是最好的供水水源。

由于 L_8 位于现采煤以下 20m，为直接出水层，故堵截补给口是针对 L_8。其补给口有二：一个是冲积层含水层覆盖下的 L_8 岩溶隐伏补给口。这个补给口中冲积层含水层通过与 L_8 的直接接触，接受其大量补给，因此在 1964 年 1212 工作面 -55m 标高 L_8 突水后，水量为 $89m^3/min$，冲积层水位曾下降 19m。经浅部注浆堵截（图 5-20）后，基本上截断了冲积层补给水源。另一个补给口是 O_2 含水层通过断层与 L_2、L_3 连通，并与 L_8 连通，使 L_8 接受 O_2 含水层的大量补给。经注浆对 L_8、断层带和 L_2、L_3 进行堵截，重点堵截断层带和 L_2、L_3（图 5-21）。这样，就迅速有效地切断 L_8 的补给水源。

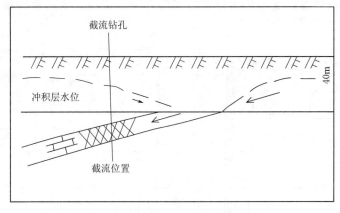

图 5-20　浅部 L_8 截留剖面示意图

通过这两个补给口的截流，不但使演马庄煤矿的淹井得以恢复，并大量减少了井下的矿坑排水量，而且对以冲积层潜水和奥陶系灰岩岩溶裂隙水作为供水水源的地下水源不受影响。

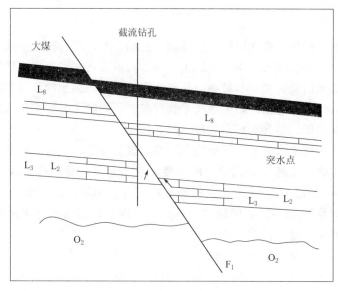

图 5-21　截留剖面示意图

第五节　矿区污水处理与资源化

一、矿区污水类型

煤炭是我国的主要能源，在一次能源构成中一直占 70% 以上，在煤炭开采与利用过程中带来的环境问题是不容忽视的，其中煤炭大规模开采和利用造成的水污染是一个突出的环境问题。按照目前我国煤矿生产特征，煤矿废水来源主要有以下几个方面。

1. 煤矿矿井水

我国煤炭以地下开采为主，约占整个煤炭产量的 97%。由于含煤地层一般在地下含水层之下，在采煤过程中，为确保煤矿井下安全生产，必须排出大量的矿井涌水。矿井水受开拓及采煤影响，含有大量煤粉、岩石粉尘等悬浮物杂质和微生物，颜色呈灰黑色；开采高硫煤层的矿井水，由于硫铁矿等含硫化合物的氧化作用，呈现酸性，并含有大量的铁和重金属离子等污染物；此外，有些矿井水含有相当高的盐，有的还含氟和放射性物质等污染物。

2. 选煤废水

煤矿生产的原煤均含有各种杂质，如煤矸石等。为了去除这些杂质以提高煤的发热量、降低灰分、节约运费等，需要对原煤进行洗选。选煤方法有干法和湿法两类，我国绝大多数选煤厂采用湿法选煤。在湿法选煤工艺中，水是不可缺少的，一般地，洗选 1t 原煤用水量约为 $4.0m^3$，其中清水耗量为 $0.5\sim1.5m^3$。当原煤经分级、脱泥、精选、脱水等作业分选成产品时，由于煤的粉碎和泥化，产生一些粒径小于 0.5mm 的煤粉，其中很大一部分被产品煤带走，但仍有不少部分与水混合在一起，成为煤泥水。原则上，煤泥水要求循环利用，但由于管理、操作和工艺等存在的问题，往往需要外排煤泥水，造成环境污染。

3. 矿区生活污水

矿区生活污水主要是指矿区居民生活活动产生的污水，同时还包括煤矿工人下班后洗浴污水、大气降水等。从本质上讲，矿区生活污水与城市污水没有根本区别，主要污染物有有机污染物，如蛋白质、脂肪和糖类，还有洗涤剂及病源微生物和寄生虫卵等。但由于煤矿大多数位于农村不发达山区，生活水平相对较低，同时大量洗浴污水排入使矿区生活废水中有机物浓度较低，但含有较高的悬浮物。

总的来说，煤矿废水水量大，污染物含量高，成分复杂，危害大，必须处理达标后排放。所以，处理煤矿废水具有极其重要的环境意义。另外，我国是个淡水资源贫乏的国家，而且分布极不均匀。北方地区煤炭资源丰富，占全国煤炭总储量的80%以上，但其水资源仅占全国总量的20%，矿区缺水十分严重。因此，提高矿井水回用率、实现矿井水资源化具有重要的环境、社会意义。

二、矿井水的处理与资源化

近年来，针对不同类型矿井水，根据不同用途采取不同的处理技术，在实践中形成了很多具有推广意义的实用技术和工艺，取得了理想效果。特别是矿井水的深度处理、含特殊污染物矿井水处理技术研究和高效混凝剂的研发，已经取得了重要进展。

1. 矿井水处理技术分类

从目前已有的矿井水处理技术和工艺来看，矿井水处理技术可以按地点、水质状况和技术原理进行分类。

（1）按矿井水处理地点分类，分为井下处理、地面处理。

（2）按矿井水水质状况分类，分为洁净矿井水处理、含悬浮物矿井水处理、高矿化度矿井水处理、酸性矿井水处理、含特殊污染物矿井水处理。

（3）按技术原理分类，分为重力沉淀、混凝澄清等物理方法处理；化学沉淀、化学中和、离子交换等化学方法处理；电渗析、反渗透、纳滤等膜分离法处理；其他方法处理，如湿地法处理、微生物法处理等。

2. 矿井水处理技术

（1）矿井水井下处理。煤矿井下用水和地面生产用水，如防尘用水、煤层注水用水、钻探冲洗用水、矸石山降温用水、卫生绿化用水、选煤用水、电厂冷却循环用水、道路洒水用水等，对水质要求不高，一般只需降低矿井水中的悬浮物，通过重力沉淀或混凝澄清即可达到井下用水和井上部分用水的水质要求。

矿井水的井下处理主要利用井下积水构筑物（如水仓等）进行，是指在井下进行排水和积水构筑物设计，或通过改造排水系统和水仓结构而使之具有反应、沉淀、清水外排等功能。

相对于矿井水的地面处理，矿井水井下处理具有以下优点：

1）地面处理采用混凝沉淀池，一般需要建相应水量的原水池、沉淀池和清水池；现利用井下水仓改造做混凝沉淀池，完全可以满足混凝沉淀池的容积和混凝沉降所需的时间要求。

2）地面处理需要安装混凝设施和动力设备；而井下处理只要在水仓入口设置一段斜坡，即可以保证混凝的动力条件。

3）地面处理时水温受季节影响较大；而井下处理水温一般为 15～20℃，基本处于恒温状态，可避免混凝水温过低影响。

矿井水井下处理的缺点是必须定期清理仓内淤泥。受条件限制，一般都是人工清理，劳动强度大、作业条件差、清仓效率低而周期长。但总体而论，矿井水井下处理优点突出：投资少、运行费用低、见效快。

（2）洁净矿井水处理。洁净矿井水水质较好，一般呈中性，低浑浊度和低矿化度，有毒有害元素含量很低，基本符合《生活饮用水卫生标准》（GB 5749—2006）。该类型矿井水多来源于灰岩水（石炭系和奥陶系）、砂岩裂隙水、第四系冲积层水和老空积水。目前，一般均采用清污分流法综合利用洁净矿井水，即利用各自单设的排水系统，将洁净矿井水和已被污染的矿井水分而排之。专用输水管道将洁净矿井水排至地面积水池稍做处理即可予以利用，消毒处理后亦可做生活饮用水。太原市古交矿在开采过程中穿过第四系河谷冲积层，水质良好，经简单沉淀、消毒处理后直接供全矿生产和生活用水。有的洁净矿井水含有多种微量元素，可开发为矿泉水。

（3）含悬浮物矿井水处理。含悬浮物矿井水，在井下水仓通过自然沉淀只能去除较大颗粒的煤粒、岩粒等，而构成矿井水悬浮物的主要成分是粒径极小的煤粉和岩尘，因此只靠自然沉淀去除是困难的，必须借助混凝剂（硫酸铝、聚合氯化铝等）。在尽量短的时间内让药剂迅速而均匀地分散到水中，使水中的全部胶体杂质都能和药剂发生作用，水中胶体杂质凝聚成较大的颗粒，从而在沉淀池中沉降而被去除。采用混凝沉淀处理方法以去除悬浮物，工艺已经比较成熟。目前，对于矿化度不高而悬浮物含量较高的矿井水处理，一般均采用混凝、沉淀（或浮升）和过滤、消毒等处理工序，其出水水质可达到生产和生活用水要求。

含悬浮物矿井水处理工艺一般采用如下处理工艺（图 5-22）：矿井水与混凝剂混合后直接进入澄清池进行澄清处理，上部清液进入滤池过滤；或者矿井水与混凝剂混合后，先在反应池中进行充分混合反应，再经沉淀池沉淀处理，上部清液进入滤池过滤处理。前一种工艺的优点是流程相对简单、节省基建投资，而后一种工艺的优点则是混凝反应充分、效果好。在选择工艺流程时，可根据当地具体情况选择确定。

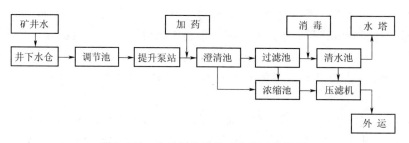

图 5-22　含悬浮物矿井水处理工艺流程

一般情况下，含悬浮物矿井水的总硬度和矿化度并不高，也可以采用氧化塘法处理，特别是经过井下水仓沉淀后的含悬浮物较少的矿井水，可考虑采用氧化塘法净化处理。煤矿开采后经常出现大面积塌陷塘（区），可将塌陷塘（区）改造成氧化塘，利用自然条件下的生物处理原理处理含悬浮物矿井水（图5-23）。氧化塘水面还可放养水生生物和种植水面作物，利用氧化塘提高所处理矿井水的水质，使出水水质达到渔业水域及农灌用水要求，同时增加经济效益。

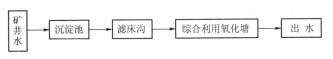

图5-23　氧化塘法处理含悬浮物矿井水工艺流程

（4）高矿化度矿井水处理。高矿化度矿井水如果不经处理就直接排放，会给生态环境带来较大危害，主要表现为河水含盐量上升、土壤滋生盐碱化、不耐盐碱类林木种势削弱、农作物减产等。高矿化度矿井水未经处理亦不能直接用于某些工业用水（如锅炉用水等）。

对高矿化度矿井水的处理，除采用给水净化传统工艺去除悬浮物和消毒外，其关键工序是脱盐。高矿化度矿井水处理一般分为两个部分：第一部分是预处理，主要去除矿井水中的悬浮物，采用常规混凝沉淀技术；第二部分是脱盐处理（淡化），使处理后出水含盐量符合《生活饮用水卫生标准》，其工艺流程如图5-24所示。

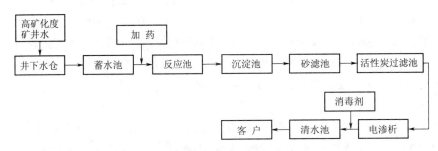

图5-24　高矿化度矿井水处理工艺流程

从煤矿矿井水处理实践看，降低矿井水含盐量的方法主要有蒸馏淡化法和膜分离法（电渗析法、反渗透法）。

1）蒸馏淡化法。使用高温（蒸馏）和低温（冷冻）的处理过程均属热力淡化法。蒸馏淡化法是对含盐水进行热力脱盐淡化处理的有效方法。该法以消耗热能为代价，一般适用于全盐量超过3000mg/L的矿井水处理。常利用煤矸石（或低热值煤）作为廉价燃料，供给蒸馏淡化处理所需热能。因此，用蒸馏淡化法处理煤矿高矿化度矿井水是消除煤矸石污染、改善矿区环境和供水状况的有效途径。蒸馏淡化法的工艺流程主要有以下两种方式：

第一，将经过破碎后达到沸腾炉燃烧要求的煤矸石等燃料送入锅炉生产蒸汽，由蒸汽加热待脱盐的矿井水，经多级高效闪蒸装置获得淡水，这些淡水一部分用以补足锅炉用水，大部分淡化水与一定量原水混合后成为符合国家标准的生活饮用水。

第二，以煤矸石作为沸腾炉燃料，生产蒸汽用于发电，再采用背压发电机组运行产生的余热作为蒸馏法淡化待脱盐矿井水的热源，从而得到淡化水。该法的产水成本一般较低。

2）电渗析法。电渗析法是一种利用电能进行膜分离的方法，是指在直流电场作用下，利用阴、阳离子交换膜对溶液中阴、阳离子的选择透过性，使溶液中的溶质与水分离的一种物理化学过程。如图 5-25 所示，将阴、阳膜交替排列于直流电场的两电极之间，形成交替排列的小水室。在原水进入各个水室向出水端流动的过程中，阴、阳离子会在直流电场力作用下做定向迁移。其中，阳离子在向阴极迁移的过程中可透过阳膜进入极室，或是被阴膜阻截停留在原水室；相反地，阴离子则在向阳极迁移的过程中可透过阴膜进

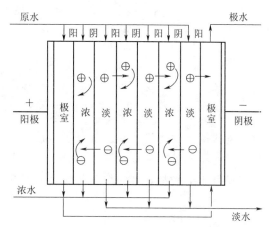

图 5-25　电渗析分离原理示意图

入临室，或是被阳膜阻截而停留在原水室。从而在各水室的出水端形成交替排列的浓水室和淡水室，原水中的离子得以分离浓缩，通过各自的排水口就可以得到淡水和浓缩水，并可分别加以回收利用。

电渗析法及反渗透法都要用到半透膜。所谓半透膜，是指可以有选择地允许液体中某些物质透过的薄膜。在实际水处理中，半透膜易污染。为了防止膜污染，一般这两种技术对进水水质均有严格要求。通常，对进水必须进行预处理，如沉淀、过滤、吸附和消毒等。

电渗析除盐法具有可连续出水、工艺系统简单、设备少等优点。但其缺点也是明显的，如对原水的预处理要求较高；电耗较大、易结垢和膜寿命短；电渗析本体由塑料件组成，因此塑料老化成为增加电渗析维修费用的主要因素；电渗析操作电流、电压直接受原水水质、水量影响，过程稳定性差，容易出现性能恶化且水回收率低（一般为 50% 左右），采用浓水循环工艺虽可使水回收率提高，但其循环方法和控垢药剂的投加目前尚缺乏成熟的经验。

3）反渗透法。反渗透法（RO 法），是指在外界施加压力（高于溶液渗透压）作用下，使水由溶液透过半透膜反向扩散到淡水一侧，并使溶液中的溶质得到浓缩的过程或现象。反渗透脱盐法是利用反渗透原理和反渗透膜而实现溶质分离和浓缩水处理操作（图 5-26）。在进行高矿化度矿井水脱盐处理中，外界施加压力范围为 4~10MPa。

相比较而言，反渗透法对进水水质要求比电渗析法还要高，高矿化度矿井水进入反渗透之前，除必要的预处理外，还应做软化处理，防止由于 Ca^{2+}、Mg^{2+} 形成反渗透膜化学性结垢而造成膜堵塞。另外还要严格控制进水 pH 值，以防止膜水解。反渗透脱盐处理可

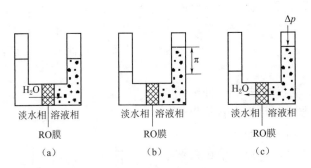

图 5-26　反渗透原理示意图

(a) 正常渗透；(b) 渗透平衡；(c) 反渗透

以有效地去除水中无机盐类、低分子有机物、胶体、病毒和细菌等，是目前公认的高效、低耗、无污染水处理新技术，适用于全盐量大于 4000mg/L 的水的脱盐处理，更适用于高矿化度矿井水的脱盐，其一般工艺流程如图 5-27 所示。

图 5-27　反渗透法处理高矿化度矿井水工艺流程

蒸馏淡化法、电渗析法和反渗透法是处理高矿化度矿井水的常用方法，效果都比较好。从技术指标看，反渗透法与电渗析法相比，反渗透装置的特点是单位体积内膜面积比较大，脱盐率可高达 99% 以上；在分离过程中无相变化及其引起的化学反应，能耗低；分离过程是清洁的生产过程，不使用化学试剂，不排放再生废液，不污染环境；工艺流程简单，有利于实现水处理的连续化、自动化；反渗透装置结构紧凑、占地面积小，适应大规模连续供水的水处理系统，水的回收率比电渗析法高，一般为 75%～80%。但是，在反渗透运行过程中，除了对原水进行严格预处理外，还要控制进水的 pH 值，以防止膜水解，同时还要定期清洗膜组件，以避免膜表面污染和结垢阻塞。

蒸馏淡化法与其他处理方法相比耗能较大，成为阻碍其推广的主要原因。但其仍有独特的优点：①由于蒸馏淡化法是依靠能源加热原水、经蒸发提取淡水，故不需任何化学药品或离子分离膜；②适应原水含盐量范围广，全盐量为数百毫克每升至数万毫克每升的矿井水均可处理，这一点是其他方法不能比的；③对原水的预处理要求低，只需进行普通预处理悬浮物即可；④由于蒸馏淡化法得到的是蒸馏水，故水质品质高；⑤淡化率较高，在煤矿区利用煤矸石和低热值煤做燃料。用蒸馏淡化法处理高矿化度矿井水，额外的环境效应十分显著：①可以提高煤矸石利用率，减少占用土地和征地费用；②可以消除矿区煤矸石污染源，有利于改善矿区大气、水、土壤环境质量；③可以变废为宝，大大降低高矿化度矿井水的处理费用；④燃烧后的煤矸石仍可做建筑材料和水泥拌料。

(5) 酸性矿井水处理。煤矿酸性矿井水，因其 pH 值低、酸度大而对煤矿排水设备、钢管及其他机电设备均具很强的腐蚀性。据报道，某矿煤层含硫 $4\%\sim5\%$ ，酸性水的 pH 值为 $2.0\sim3.0$ ，未经处理前每两周即需换一次水泵叶轮。广东某矿酸性水排水设备和钢轨的使用寿命一般不超过半年，有的甚至不足 3 个月即被腐蚀穿孔，损坏严重，既造成频繁维修的人力和物力浪费，更直接危害矿工安全，长期接触酸性水可使手脚破裂、眼睛疼痒。

若将酸性水直接排至地面水体，必将造成矿区周围水体严重污染。由于酸性矿井水中含有大量 Fe^{2+} 和 Fe^{3+} ，排入地面水体后 Fe^{2+} 即氧化形成 Fe^{3+} ，需要稍耗大量溶解氧、造成河流缺氧，从而影响水生生物的生长繁育。因此，处理煤矿酸性矿井水具有极其重要的环境意义。

目前，国内煤矿处理酸性矿井水的主要方法是中和法，中和剂是各种碱性物质。一般采用石灰石或石灰做中和剂进行酸性矿井水的中和处理。此外，近些年新兴起的生物化学处理法、湿地生态工程处理法和可渗透反应墙法等，正日益受到人们的关注。

1）中和法。中和法是目前煤矿酸性矿井水常采用的处理方法，适合做中和剂的有石灰石、大理石、白云石、石灰等碱性物质。选择何种中和剂取决于中和剂的反应性、适用性、价格和运输是否方便等因素。其中尤以石灰石和石灰中和剂的应用最为广泛。

石灰石中和法的处理装置有三种形式，即中和滚筒法、升流膨胀过滤法和曝气流化床处理方法。

石灰石中和滚筒法，是指利用石灰石做中和剂，酸性水在滚筒中被石灰石中和的处理方法，其出水经沉淀后外排（图 5-28）。石灰石曝气流化床处理方法是我国研发的一种新工艺，酸性水进入流化床，与床中石灰石填料产生中和反应，生成的 HCO_3^- 在来自空压机空气的曝气作用下迅速分解成 CO_2 和 H_2O ，使酸性水得到中和处理，其出水再经沉淀后排放。曝气的目的除了溶氧和散除 CO_2 外，还可避免包固现象〔指中和反应产物 $CaSO_4$ 和 $Fe(OH)_3$ 包在石灰石颗粒表面〕。

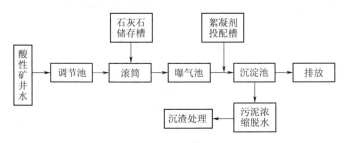

图 5-28 石灰石中和滚筒法处理酸性矿井水工艺流程

2）生物化学处理法。用生物化学处理法处理含铁酸性矿井水是一种目前国内外研究比较活跃的处理方法，在美国、日本等国已进行实际应用。其原理是：利用氧化亚铁硫杆菌，在酸性条件下将水中 Fe^{2+} 氧化成 Fe^{3+} ，然后再用石灰石进行中和处理，以实现酸性矿井水的中和和除铁。该法的优点是：对 Fe^{2+} 具有很高的氧化率；Fe^{2+} 氧化细菌无须外界添加营养液，处理后的沉淀物可综合利用。氧化亚铁硫杆菌能从 Fe^{2+} 的氧化反应中获取自身生存和繁殖所需的能量，亦无须加任何营养液。

作为酸性矿井水的一种处理方法，生物化学处理法虽然具有许多优点，但是目前在国内并没有得到实际应用，均处于实验室研究阶段。主要原因是该方法存在一些难以解决的问题，如生物化学处理法的处理速度比物化方法慢很多，因此反应器的体积需相应增大而增加投资。此外，由于煤矿酸性矿井水成分复杂，常含有一些对微生物具有抑制作用的重金属，如 Pb、Zn 等。

从理论上讲，生物化学处理法能适应多种不同条件下的含铁酸性矿井水的处理，而且具运行费用低、管理方便、沉积物能综合利用等优点。但是，该方法存在的一些弊端制约了其在工程上采用的可能性。因此，我国要在煤炭系统推广应用这种技术，仍然需要做大量研究工作。

3）湿地生态工程处理法。人工湿地酸性矿井水处理方法，是利用自然生态系统中的物理、化学和生物三重协同作用，通过过滤、吸附、沉淀、离子交换、植物吸收和微生物分解而实现对污水的高效净化。与中和法等传统的酸性矿井水处理方法相比，人工湿地处理方法具有出水水质稳定，对氮、磷等营养物质去除能力强，基建和运行费用低，技术含量低，维护管理方便，耐冲击负荷强，适于处理间歇排放污水和具有美学价值等优点，因而在北美、欧洲的许多国家得到广泛应用。从 20 世纪 70 年代开始，美国科学家在湿地上建造人工浅池沼，在其底部铺上碎石灰石，其上填入混合肥料或其他一些有利于根系生长的有机质，在混合肥料上种植香蒲等植物。酸性矿井水流经人工湿地后，pH 值可上升并可去除 50％以上的污染物（铁可降低 80％左右）。

4）可渗透反应墙法。可渗透反应墙法（PRB 法）是一种原位去除污染地下水中污染组分的新方法。PRB 法于 1982 年由美国环保局提出，加拿大滑铁卢大学在 1989 年进一步开发，于 1992 年在世界上许多国家申请了相关专利，并在安大略省的保登成功进行了现场演示。PRB 法处理酸性矿井水始于 1995 年，现在它已成为矿山酸性水处理研究的热点。其基本原理是：在矿山地下水流的下游方向，定义一个被动的反应材料的原位处理区，针对矿山酸性水的具体成分分析采用物理、化学或生物处理的技术原理处理流经墙体的污染组分。从欧美国家的应用实践看，用于矿井酸性水处理的 PRB 法一般有以下三种类型：

a. 连续墙系统。即在地下水流经的区域内安装连续活性渗滤墙，以保证污染区域内的地下水均能得到处理修复。这种系统结构比较简单，且对流场的复杂性敏感度低，不会改变自然地下水流向。但如果污染区域或蓄水层厚度较大，连续墙的面积将会很大，造价也会很高。

b. 漏斗-通道系统。该系统是利用低渗透性的板桩或泥浆墙以引导污染地下水流向可渗透反应墙。该系统由于反应区域较小，在墙体材料活性减弱或墙体被沉淀物、微生物等堵塞时易清除和更换，因而更适合于现场治理。

c. GeoSiphon/GeoFlow 单元。即利用进、出水端的自然水位差以引导地下水流，使污染水流从高压进口端流向低压出口端，再流入地表水体。它通过一个大口井来提高上下游水位差。大口井连接虹吸管（GeoSiphon）或开放性通道（GeoFlow）将水引入排水沟。

PRB 法所用的反应材料有零价铁（Fe^0）、微生物和有机质（如硫酸盐还原菌）、碱性中和剂和磷酸盐物质、吸附材料（如甲壳素和沸石）、铁氧化物（可利用钢铁生产的副产物）等。相对于传统的石灰中和、硫化物沉淀、工程覆盖、湿地处理等方法，PRB法具有作用时间长、处理污染物多、处理效果好、安装施工方便、投资和运行费用低等优点，在加拿大、美国和英国等国都取得了较好的工程实践效果。加拿大 NickelRim 矿附近的 PRB 系统建于 1995 年，长约 20m、深 3.6m、厚 4m，顺着地下水流动方向横穿地下岩石层中的浅蓄水层。反应材料为城市消化污泥、腐叶、木屑、石灰石和砾石等。原水水质如下：pH 值为 4～6，SO_4^{2-} 含量为 1000～5000mg/L，Fe^{2+} 含量为 200～2500mg/L。地下水在 PRB 中段停留时间约 60 天，在 PRB 后段停留时间超过 165 天。地下水经 PRB 处理后的水质有明显改善：SO_4^{2-} 含量降低 2000～3000mg/L，Fe^{2+} 含量降低 270～1300mg/L，痕量金属（如镍）降低 30mg/L，碱度增加 800～2700mg/L。

（6）含特殊污染物矿井水处理。含某些重金属、有毒有害微量元素及放射性物质等矿井水必须进行处理才能排放和利用。目前，重金属废水的处理方法可分为两大类：①使呈溶解状态的重金属转变为不溶的重金属沉淀物，经沉淀从废水中去除，具体方法有中和法、硫化法、还原法、氧化法、离子交换法、活性炭吸附法、电解法和隔膜电解法等；②浓缩和分离，具体方法有反渗透法、电渗析法、蒸发浓缩法等。现以高锰矿井水处理为例，除锰方法有氧化法、地层处理法、离子交换法、混凝法、铁细菌处理法等。氧化法包括中性 pH 值的臭氧氧化法、高锰酸钾氧化法、pH 值 9～10 时氯自然氧化法和接触氧化法。目前国内使用较多的是接触氧化法（图 5-29），其原理是：对含锰原水采用叶轮表面曝气，通过高强力机械搅拌，提高水中溶解氧和 pH 值，使高价锰生成氢氧化物沉淀，然后经滤料过滤，高价锰的氢氧化物即吸附在滤料表面形成锰质滤膜，使滤料成为"锰质熟砂"。这种自然形成的熟砂具有接触催化作用，可使水中二价锰在比较低的 pH 值条件下被溶解氧化为高价锰而将其去除。

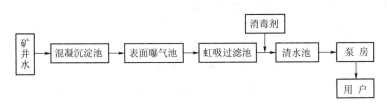

图 5-29　接触氧化法除锰工艺流程

含放射性废水的基本处理方法有化学沉淀法、离子交换法、蒸发法三种。化学沉淀法可处理高含盐量溶液，但当含有油质洗涤剂、络合剂时，可能有不利影响。离子交换法适宜于处理悬浮固体量低、含盐量低、无非离子型放射性物质的矿井水。而蒸发法则适宜预处理洗涤剂含量低的废水。矿井水中微量放射性物质的去除工艺如图 5-30 所示。

处理含氟矿井水的简便方法是加入漂白粉、石灰乳、铝盐（如硫酸铝、氯化铝）及铝酸钠进行混凝，使水中形成絮花，待絮花沉淀后上部清液即可被利用。也可以采用离子交换-吸附法和电渗析法等处理含氟矿井水。除氟工艺如图 5-31 所示。

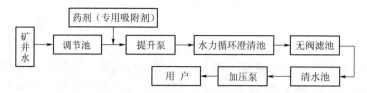

图 5-30 矿井水中微量放射性物质去除工艺流程

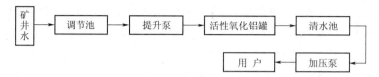

图 5-31 矿井水中氟去除工艺流程

3. 矿井水处理技术的发展

水处理的经济效益、环境效益和社会效益最大化，特别是对多种污染物进行综合而有效的处理，"以废治废"技术的研究和实践，正在推动矿井水处理技术的进一步发展。

（1）微滤和纳滤膜分离技术。近年来，很多学者都在进行矿井水深度处理的实验研究。我国煤矿矿井水有 60％以上属含悬浮物矿井水。对含悬浮物矿井水的深度处理，首先进行预处理（混凝、强化混凝等），然后进入微滤或纳滤膜处理（过滤），以达到生活用水或饮用水的卫生标准要求。

纳滤是 20 世纪 80 年代中后期开发的一种新型膜分离技术。纳滤膜的孔径范围介于反渗透膜和超滤膜之间，对分子孔径在 0.005～0.01m、分子量在 200～1000 的有机物有较高的脱除性能，对水中的悬浮物和菌落总数有较好的祛除效果。

（2）光氧化和光催化技术。在煤矿开采过程中，不可避免地会将乳化油、废机油等混入矿井水中，从而造成矿井水有机污染。这些有机物密度比水小，常规水处理技术如混凝—沉淀—过滤工艺对矿井水有机物的去除效果不佳。目前，常用加药上浮或吸附方式解决矿井水中的有机污染问题，但其实质性的处理效果如何仍无定论。在电渗析法水处理过程中有可能产生有机物污染电渗析膜，从而影响电渗析法处理系统的正常运行。水中有机物是加氯消毒时产生卤代烃的主要原生物质，会使矿井水遭受二次污染。矿井水中有机物尽管含量较少，但由于常规技术难以清除，因而制约着矿井水的洁净利用。

20 世纪 70 年代国内外出现的光化学氧化技术，对于处理环境中难降解有机物有很好效果。某些致癌物质如苯并芘、苯并蒽等在天然条件下会自行消失，是太阳光分解的结果。光氧化法，是指利用光的照射或光的照射同一些特定化学物质共同作用以去除水中有机污染物的一种水处理方法，因而光氧化也称光降解。光氧化法有光化学氧化法、光激发氧化法和光催化氧化法等类型。经过光化学氧化后，矿井水中有机物大分子破裂，有利于活性炭吸附处理，从而使矿井水中有机物去除率达 95％以上。

近年来，随着矿井水深度处理技术的发展，光催化技术的应用成果不断被报道，特别是改性纳米 TiO_2 光催化技术的应用已取得理想效果，不仅能有效去除矿井水中的有机污染物，而且对其中的重金属和有毒有害微量元素也具有一定降解效果。

（3）高效混凝剂的研究。对含悬浮物矿井水的处理，无论是简单处理还是深度处理，都必须去除悬浮物。关于矿井水中悬浮物的去除，近年来发展了很多新技术，如密集微气浮法、风积砂砂滤法等，均以混凝沉淀、吸附过滤为基础。

在混凝处理工艺中，需要用到大量混凝药剂。目前最传统的混凝药剂有铝盐、铁盐及其聚合物，虽然在市场上占主导地位，但因使用量较大水处理费用居高不下。近年来，随着高分子研究的深入，出现了用无机高分子、有机高分子、高分子改性阳离子等混凝剂以及阳离子交换树脂等材料来加强对矿井水特别是酸性矿井水的处理程度。目前，复合混凝剂、微生物混凝剂研究亦取得了实验研究效果。

矿井水的混凝处理效果在很大程度上取决于混凝剂的性能。煤粉与一般无机混凝剂的亲和能力较弱，细小的煤粉难以被药剂凝聚，从而不宜为后续的过滤工艺所去除；而人工合成高分子混凝剂虽然混凝速度快、用量少，但单体或其水解、降解产物常有毒性。此外，实验证明，单独使用聚合氯化铝（PAC）、聚合硫酸铁（PFS）做混凝剂，矾花细小，沉淀速度慢，上清液浑浊度高。单独使用聚丙烯酰胺（PAM）投量越大效果越好，但静置后上清液依然混浊且固液界面不清。为此，复合混凝剂在含悬浮物矿井水处理中的试验研究越来越受到关注。用少量 PAM 和 PAC 或 PFS 配合投加，可以克服无机混凝剂与煤泥亲和力差的弱点，所形成的矾花粗大结实、沉降速度快，能保证出水水质清澈透明，混凝反应时间亦大为减少。

微生物混凝剂是一类由微生物产生并分泌到细胞外、具有混凝活性的代谢产物。它是通过生物发酵、抽提、精制而得的一种具有生物分解性和安全性的高效、无毒、无二次污染的廉价水处理剂。它不仅克服了无机和有机高分子混凝剂大量使用时对环境造成的不良影响，如诱发老年痴呆症和"三致"作用等，而且混凝范围广、效率高，对多种工业废水都具有良好的净化效果，因此受到研究者的青睐。

高铁酸钾（K_2FeO_4）作为新型水处理剂，自 20 世纪 70 年代以来逐渐为人们所重视。它具有优异的混凝和助凝作用、良好的氧化除污功效、高效的杀菌和脱味除臭功能。在水处理过程中，高铁酸钾不与有机物作用而产生类似有机氯代物等新的污染物，不会产生二次污染和其他副作用，被称为安全的绿色水处理剂。近年来，利用高铁酸钾的多效性处理污染矿井水，也取得了较理想的实验研究成果。与改性粉煤灰联合处理矿井水，环境经济效益更为明显。

（4）"以废治废"技术。粉煤灰是火力发电厂排放的固体废弃物。目前我国电力需求的 70% 以上是依靠燃煤火力发电。据不完全统计，我国每年用于发电的原煤达 6 亿 t 以上，排放的粉煤灰渣达 1.8 亿 t。粉煤灰的大量排放和储存，对生态环境造成了严重影响，因而粉煤灰的综合利用越来越受到人们重视。特别是 21 世纪初以来，国家积极推进煤电一体化建设，倡导煤矿企业发展电力、就地将煤转化成电，以降低煤炭运输成本。然而发展火电产生的大量粉煤灰势必加重煤矿生态环境污染，因此粉煤灰的合理利用对于本来就十分脆弱的煤矿区环境来说需更加关注。

研究认为，粉煤灰具有多孔结构，比表面积较大，有很强的物理吸附能力。此外，碱性粉煤灰中存在较多的活性碱性成分 CaO 和 MgO，能与矿井酸性水发生中和作用，并体现出其化学吸附性能。粉煤灰作为水处理剂用于矿井水处理，不仅在于其所具有的强吸附特点，更重要的是考虑其具有其他水处理剂无法比拟的优势。火电厂所排放的粉煤灰固体废弃物数量大、价格低。而矿井水则是采煤所产生的工业废水，数量也比较大。利用量大价廉的粉煤灰进行矿井水处理以实现矿井水资源化，可真正达到"以废治废"目标。实际应用中可对粉煤灰进行改性，以提高其吸附性能。

三、选煤废水的处理与资源化

1. 选煤废水污染情况

选煤废水的排出点随煤泥水处理工艺不同而异，通常在集水仓（中央水仓）、煤泥水浓缩机（塔）、尾煤浓缩机、厂外沉淀池或尾煤坝等设备或设施的溢流口。选煤厂废水的组成和性质随被加工的煤种、工艺流程以及水质等条件的不同而不同，其中对水体有影响的成分有油、酸和碱、溶解性固体、有机药剂、放射性物质及悬浮物等。

（1）油。选煤厂普遍采用煤油、轻柴油等作为浮选药剂，加上设备检修清洗用油和漏油，因而尾煤水中多含有数量不同的油类物。

（2）酸和碱。选煤厂的选煤用水多来自矿井水及附近的河水，当矿井排放的是酸性矿井水，或原煤中含有硫化物，硫化物与空气和水反应生成酸，并在流经途中缺乏足够的碱性矿物使其得到中和，而且未经处理就排放，对水生植物、动物和人类皆有严重危害。

（3）溶解性固体。在选煤过程中入选原煤中的矸石含有碱、碱土金属、部分三价金属元素的氯化物、硝酸盐、磷酸盐和硫酸盐，它们溶解在水中随选煤废水排出。硝酸盐和磷酸盐低含量时是营养物，高含量时对鱼类有害，水中的氯含量大于 1000mg/L 时很多鱼类及水草会死亡。

（4）有机药剂。在煤泥水处理过程中，浓缩、浮选、脱水、过滤等作业需添加起泡剂、捕集剂、抑制剂、助滤剂以及絮凝剂等不同的药剂。起泡剂多为杂极性分子，含有甲酚，是有毒化合物，当其浓度在 6～50mg/L 以上时，许多浮游生物都会被毒死。而絮凝剂聚而烯酰胺中的丙烯酰胺及丙烯脂的含量均不能超过规定值。

（5）放射性物质。煤炭中铀含量高时，经煤炭洗选时溶入选煤废水中，排出厂外，会给环境造成放射性污染。

（6）悬浮物。主要是煤粉和泥化了的矸石和高岭土等矿物的微细颗粒。煤中有机物碳本身呈黑色，具有特殊的变色性，这些极细的颗粒分散于水中时，减少了水的透光率，其含量超过 50％时，就影响水自身的净化和光合作用。此外，悬浮物沉淀后会覆盖饵料而影响渔业，长期积累影响河道的疏通及航运。悬浮物的浓度低于 75mg/L 时通常对鱼类没有大的危害。

2. 选煤废水的处理工艺

选煤废水处理是选煤厂一项重要和复杂的生产工艺，既关系到选煤厂的技术经济指标，也影响环境保护工作。随着对环境保护要求的提高，对选煤废水处理提出了更高的标准。所以，洗煤水处理在选煤厂生产中占有重要的位置。

从根本上讲，洗煤水处理有三个目的：①从节约工业用水角度出发，最大限度地从选煤水中分离出固体悬浮物，以获得符合要求的分选介质——循环水，一般将这一步骤称为洗水澄清和洗煤水浓缩；②从节约能源、回收宝贵的矿物资源角度出发，最大限度地回收煤泥中的精煤，提高精煤产率；③从环境保护角度出发，使不得已外排的煤泥水能得到有效处理，达标排放。

目前煤泥水处理工艺流程主要有三种，即预浓缩、无预浓缩和部分预浓缩煤泥水处理流程。

（1）预浓缩煤泥水处理流程。这是目前大多数选煤厂采用的煤泥水处理流程（图5-32）。该工艺特点是全部煤泥水（包括捞坑溢流、角锥池溢流、旋流器溢流和煤泥回收筛下水等）都进入大面积浓缩机进行浓缩，溢流作为循环水，底流经稀释后进入浮选，浮选尾矿或排出厂外处置，或混凝沉淀处理，澄清水回用，底流经压滤脱水后回收。

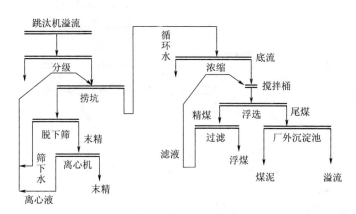

图5-32　预浓缩煤泥水处理流程

（2）无预浓缩煤泥水处理流程。无预浓缩煤泥水处理流程（图5-33）就是煤泥水不经浓缩机澄清、浓缩，而全部通过浮选处理，浮选尾矿经浓缩（添加凝聚剂）后得到的澄清水即为循环水。其工艺流程是：跳汰机溢流进入精煤捞坑，捞坑沉淀物经脱水提斗捞出后进入脱水筛，经离心机脱水后成为最终精煤。离心液、筛下水送回捞坑形成闭路。捞坑溢流进入浮选原矿缓冲池，然后用搅拌柄、浮选机浮选。由于捞坑溢流浓度较低，故在搅拌桶中不必加稀释水。泡沫精煤经过滤后做最终精煤，滤液回捞坑闭路。浮选尾矿进入浓缩池澄清。为了提高尾煤水澄清效果，可添加高效凝聚剂。尾煤浓缩溢流即为循环水，浓缩尾煤用过滤机或压滤机进一步脱水。尾煤滤液可回浓缩机循环。

（3）部分预浓缩煤泥水处理流程。部分预浓缩煤泥水处理流程（图5-34）的特点是精煤捞坑溢流大部分进入浓缩机，剩余部分与浓缩后底流（浓度为250～300g/L）一起进入浮选。煤泥水的合理分配量是根据洗选1t煤所需的循环水量和进入流程的煤泥量来确定的。

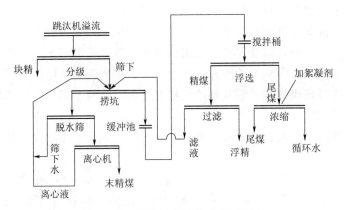

图 5-33　无预浓缩煤泥水处理流程

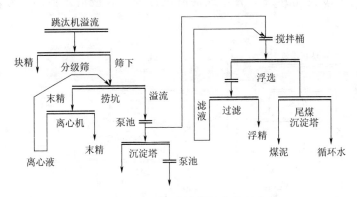

图 5-34　部分预浓缩煤泥水处理流程

四、矿区生活污水的处理与资源化

1. 水质特征

我国一些煤矿矿区生活污水与典型生活污水水质对比见表 5-8。

表 5-8　　　　　　　　矿区生活污水与典型生活污水水质对比表

矿　名		BOD₅	COD	SS
汾西柳湾矿		56.0	205.7	118
潞安五阳矿		34.6	83.1	120.5
晋城古书院矿		74.55	107.0	137
山东七五矿		68.2	295.9	239.4
典型生活污水	低值	100	250	100
	高值	400	1000	350
	中常值	200	400	220

从表中可以看出，矿区生活污水的有机物含量（主要是 BOD₅、COD 指标）比我国典型生活污水要低许多。除了煤矿生活水平较低这一影响因素外，主要原因是大量洗浴污

水排入矿区生活污水中而起到稀释作用。

2. 生活污水处理技术

目前，我国煤矿主要以一个矿为单位进行生活和经济核算。矿与矿之间距离也比较远，所以建立矿区生活污水处理站均是针对某一矿污水水质水量确定的。按我国现在煤矿生产结构情况，一般一个煤矿日排生活污水量几千立方米，建成污水处理厂属小型污水处理站。结合煤矿目前生产实际，煤矿生活污水处理原则上应选用处理效果稳定、产泥量少、节能和操作运行管理方便的处理方法，其可能处理工艺有下列几种。

（1）稳定塘处理。稳定塘是利用天然池塘、洼地、河谷、海滩等利用价值较低的土地建塘，属于一种自然生物处理技术。虽然稳定塘存在净化能力低、占地面积大、出水水质受气温影响较大和可能散发臭味的缺点，但我国煤矿主要处于山区，土地资源较为丰富，尤其是我国煤矿目前几乎都采用地下开采，矿区周围存在大片塌陷地，利用塌陷地改造成稳定塘处理煤矿生活污水具有良好的应用前景。由于稳定塘本身具有工程造价和运行费用低、便于管理、净化出水可灌溉农田或回用的特点，所以在条件适宜地方可采用稳定塘处理煤矿生活污水。

目前，稳定塘处理系统一般是由多个塘串联组成的，具体可根据进水水质和处理后应达到的出水水质确定处理工艺组合。稳定塘处理系统如图 5-35 所示。

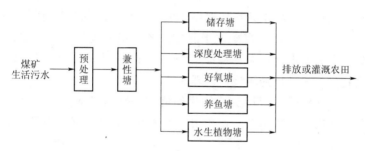

图 5-35　稳定塘处理系统

（2）人工湿地处理。人工湿地处理是一种利用土壤-作物系统综合的物理、化学和生活的复杂过程。污水经人工湿地处理后，有机污染物和无机营养素得到转化和去除，最终实现污水的稳定化和无害化，并能使污水转变为水资源予以再用，因而是一种低费用、低能耗、高效率的污水处理方法。虽然它具有占地面积大，受气候、土壤和土地利用因素影响等缺点，但由于煤矿所处位置的特殊性，在条件适宜煤矿，选择人工湿地处理仍是合理可行的。

目前，人工湿地处理系统有五种工艺，即慢速渗滤、快速渗滤、地表漫流、污水湿地和地下渗滤土地处理系统。这些系统既可以单独使用，也可以相互组合成联合处理系统，煤矿可根据当地具体情况进行选择。

（3）生物接触氧化法。早在 19 世纪末人们已开始利用生物接触氧化法处理污水（图 5-36）。由于出现填料容易堵塞、清除困难、管理不方便和 BOD 去除率较低等原因，长期未被广泛应用。至 20 世纪 70 年代，日本首先将接触氧化法应用于实际污水处理。目前，生物接触氧化法已在城市污水、印染污水、食用加工污水、合成洗涤剂污水三级处理等方面得到应用。近些年来，在煤矿生活污水处理中，生物接触氧化法得到广泛应用。其主要优点是处理后出水水质稳定，BOD 负荷高，停留时间短，占地面积小，无须污泥回流，无污泥膨胀，动力消耗及运转费用低，维持管理也比较方便。

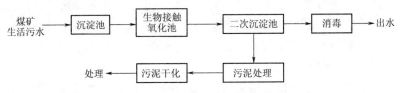

图 5-36 生物接触氧化法处理煤矿生活污水

（4）生物滤池。生物滤池属于生物膜法，具有工艺流程简单、占地面积少、维护管理方便等优点，在煤矿生活污水处理中也常被采用，其工艺流程如图 5-37 所示。

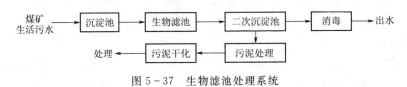

图 5-37 生物滤池处理系统

根据实际运行发现，这些工艺在处理煤矿生活污水中存在许多问题，主要有处理不稳定，受气候影响大。我国大部分煤矿位于北方，冬夏温差大，夏天气温高，微生物生长快，处理效果好；冬天气温低，尤其是每年 12 月、1 月、2 月，北方气温一般均处于 0℃以下，这时微生物生长繁殖极为缓慢，处理效果差。

（5）氧化沟。氧化沟是 20 世纪 50 年代创造的一种污水活性污泥处理法。从本质上讲，它是延时曝气法的一种特殊形式，适用于小城镇的污水处理，其工艺流程如图 5-38 所示。

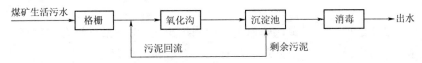

图 5-38 氧化沟活性污泥法处理煤矿生活污水工艺流程

氧化沟把连续环式反应池用作生物反应池。混合液在该反应池中以一条闭合式曝气渠道进行连续循环。污水和悬浮固体停留时间长，有机负荷低。它使用一种带方向控制的曝气和搅动装置，向反应池中的物质传递水平速度，从而使被搅动的液体在闭合式曝气渠中循环。

氧化沟不但具有处理效果稳定、操作管理方便等优点，同时也能满足生物脱氮的要求。氧化沟系统在运行方法上除了另设沉淀池的连续系统外，还出现了不另设沉淀池的交替式系统，它的特点是氧化沟需交替操作，即在不同时段氧化沟系统中有一部分曝气池要求交替轮作沉淀池运行。

目前，国内应用氧化沟处理技术的工程实例越来越多，工程大多数运行良好，去除率稳定，取得了较好的效果。

3. 生活污水资源化处理工艺流程

随着煤矿生产的发展，水资源短缺将越来越突出，也将成为制约矿区经济发展的重要因素之一。开发低能耗、管理简单的处理工艺，将生活污水处理成符合回用水标准，实现污水资源化，其实质是开发第二水源，同时又减少污水直接排放对水体的污染，具有极其重要的环境效益、经济效益和社会效益。根据煤矿生活污水的水质特征，实现矿区生活污水回用于冲洗厕所、灌溉园林、冲洗车辆、喷水池用水等是完全可能的，其处理工艺如图 5-39 所示。

图 5-39 煤矿区生活污水回用处理工艺流程

第六章　矿床水文地质调查要点

第一节　概　　述

一、矿床水文地质调查目的

矿床水文地质调查就是运用各种技术手段和方法，查明矿区水文地质条件及其在矿床开采时所发生的变化，为防治和利用地下水所采取的措施提供水文地质依据，以保证矿产资源的合理开发和利用以及矿山的安全生产。

在矿床水文地质调查中，需要查明矿区水文地质条件及矿床充水因素，包括充水水源及充水通道，预测矿坑涌水量和因地下水开采引起的地下水动态变化。

二、矿床水文地质调查阶段划分

矿床水文地质调查是矿产地质调查的一个重要组成部分，与矿产地质调查的普查、初勘、详勘（煤炭系统称为普查、详查、精查）阶段相适应，分为矿床水文地质普查、详查、勘探三个阶段。水文地质和工程地质简单的矿区，勘察阶段可简化或合并。

（1）普查。结合矿产普查进行，对于已进行过区域水文地质和工程地质普查的地区，其资料可直接利用或只进行有针对性的补充调查，大致查明工作区的水文地质、工程地质和环境地质条件。其任务是初步了解矿区水文地质条件，根据自然地理、地质及水文地质条件，初步划分水文地质类型，为矿区远景规划提供水文地质依据。

（2）详查。基本查明矿区的水文地质、工程地质和环境地质条件，为矿床初步技术经济评价、矿山总体建设规划和矿区勘探设计提供依据。

（3）勘探。详细查明矿区水文地质、工程地质条件，评价地质环境，为矿床的技术经济评价、矿山建设可行性研究和设计提供依据。具体任务是查明矿床直接和间接充水含水层的特征，评价充水因素；预测矿井涌水量，指出可能发生突水的层位和地段；评价可供利用的地下水水质、水量；提出矿井防治水方案及矿井水综合利用的建议。

三、矿床水文地质调查技术与方法

在矿床水文地质调查中常用的方法包括水文地质测绘、水文地质钻探、水文地质物探、水文地质试验以及短期地质试验与长期动态监测的有机结合。在调查方法的选择上，要重点突出、综合配置，应对不同勘探需要，灵活运用各种技术手段。

矿床水文地质勘探深度、广度、速度和质量的提高，在很大程度上依赖水文地质勘探技术手段的进步。近年来，随着水文地质科学的发展和水文地质勘探技术手段的进步，不断引入和应用了包括遥感、井下物探、化探、同位素测试、实验室微观分析与现场原位测试在内的一系列先进技术手段，即使是传统方法也有了进一步提高。这些更新与进步，大大提高了水文地质调查工作的精度、广度、深度和工作效率，对整个水文地质科学的发展起着极大的推动作用。当前的水文地质勘探工作早已打破传统的单一格局，取而代之以各类技术的综合勘探和从概念模型到数学模型的模拟计算，定量评价以及计算机的广泛应用。

第二节　矿床水文地质调查与测绘

水文地质调查与测绘是矿床水文地质调查的基础和先行工作，是认识地下水埋藏分布和形成条件的一种综合性调查方法。水文地质测绘一般包括基岩地质调查、地貌及第四纪地质调查、地下水露头的调查、地表水体的调查、地植物（即地下水的指示植物）的调查、与地下水有关的环境地质状况的调查。从矿坑充水的角度出发，其研究重点是主要充水岩层及其隔水顶底板。测绘过程中还要特别注意对区内已有的供排水工程进行调查，尤其是老窑。

一、矿区水文地质调查

1. 以孔隙水充水为主的矿床

以孔隙水充水为主的矿床包括产于松散层和半胶结半坚硬岩层中的矿床，以及被巨厚松散层覆盖，产于下伏基岩层中的矿床。调查时应查明下述问题：

（1）各松散层的成因类型、颗粒成分与结构、胶结物及胶结程度，顶底板的隔透水性、厚度及其变化。

（2）各层的含水性，主要充水层的边界条件及水质特征。

（3）确定孔隙水与地表水及基岩水间有水力联系的地段、联系程度及补排关系。

（4）查明地貌、新构造运动对充水层的控制。

（5）预测矿井涌水量，评价供排矛盾。

（6）研究流沙层的形成、分布，疏干和进入井巷的可能性。

此外，还要进行气象调查，收集各矿当地历年降水量、蒸发量、气温、气压、风速等气候资料，建立台账，绘制曲线图，为分析大气降水对矿井充水影响提供资料。在雨季前应对主要河谷、河流、汇水面积、地表塌陷范围等进行全面调查。

2. 以裂隙水充水为主的矿床

以裂隙水充水为主的矿床以坚硬岩层（体）裂隙发育为特点，矿产种类多，多属水文地质条件简单（少数为中等到复杂）的矿床。对该类矿床调查时，需查明下述问题：

（1）矿体及围岩的岩性，原生与成岩后裂隙的分布规律；对矿区分布的断裂带进行重点研究，分析其力学性质、两盘岩性、破碎带宽度、破碎程度、充填物特征及胶结情况；判断断裂的活动历史，注意新期断裂的水文地质特征。

（2）分析各岩层的含水性，确定裂隙含水层（体）的埋藏分布规律；研究充水层的补径排条件，分析断裂带作为水源或通道的条件。

（3）调查矿床和各充水层的水质和富水性，预测矿井涌水量及开采后的环境地质问题。

（4）研究矿区风化带的深度与破坏程度，分析降水和地表水入渗条件与入渗量。

3. 以岩溶水充水为主的矿床

岩溶水充水矿床遍及全国，矿种多，储量大，多数大水矿床属此类型，其水文地质条件非常复杂。调查以岩溶水充水为主的矿床时，应查明的地质及水文地质问题主要有以下六项：

（1）对矿床分布范围内的地层，尤以碳酸盐岩地层和近矿顶底板层位，要分层研究其岩性、结构及各层间的组合关系。

（2）研究矿床所处的构造类型、具体部位及其特征，研究地层中原生和后生裂隙的发育规律，寻找破碎部位及构造控水条件。

（3）研究岩溶发育规律，包括查明各层位中的岩溶形态、规模、充填胶结、形成期和发育强带的空间分布特征。

（4）全面研究矿区内岩溶水的赋存条件，包括：划分矿床充水层，确定其富水程度；研究矿床顶底板的隔水性能；寻找富水地段与强径流带，查明矿床充水条件；研究岩溶水系统的边界条件，补排特征；进行水质变化特征的研究，掌握水质污染状况；测定各充水层的各种参数，查明地下水运动规律，预测矿井涌水量，解决供排矛盾。

（5）对大泉的形成条件、涌水量进行观测，探讨矿床开采后泉水的变化；对与矿井有联系的地下河系和能进入井巷的地表水进行研究。

（6）对矿床充水系统内现有的供水、排水状况与地下水动态进行分析，对突水和疏干条件以及引起的环境地质问题进行现状评价与预测。

二、井巷水文地质调查

在已有矿区的外围勘探或接近勘探区有老矿区时，都应对现有矿井（包括勘探井巷）进行水文地质调查。矿床顶底板或井巷围岩是否有隔水层，其岩性、完整程度与厚度如何，对井巷涌水、采矿方法的选择及井巷稳定性具有极其重要的影响。因此在调查中，对充水层和隔水层应予以同样的重视。

（1）井巷地质、水文地质测绘。随井巷的推进，按地质测量要求将揭露的地质现象绘制成井巷地质图，同时按水文地质测绘要求，绘制井巷水文地质图。

（2）观测井巷中的全部出水点。观察它们的涌水状态、测定涌水量，分析其出水条件，确定充水水源和通道，总结涌水规律，进行绘图和取样，对有意义的出水点，应进行长期动态观测。如发现有新突水征兆和新的突水点，应及时进行观察与测量，预测其发展，提出防治措施。

（3）对岩溶和断裂的发育规律进行研究。选具有代表性地段，测量岩溶率或裂隙率。

（4）观测矿山工程地质现象。除观测塑性地层、断裂带和岩溶极发育带等处的稳定程度之外，主要观测由矿山压力和水压力造成的巷道顶板移动和冒落，底板底鼓、裂缝的生成和出水情况；对支柱变形、冲击地压和露天采场的边坡稳定性，也要进行观测。

三、老空区调查与测绘

老空区是采空区、老窑和已经报废井巷的总称。我国煤矿发生的老空水水害事故较多，约占煤矿水害事故的30％。20世纪60年代以前，以地表古窑、老窑积水溃入事故居多。由于这些积水古窑、老窑均在浅部，故当开掘井巷道穿透时，经常发生由上而下溃入的情况，虽然一般积水量不大，造成淹井事故不多，但时常造成工作面停产和人身伤亡事故。60年代以后，有些大矿在回采后的老空区和老巷道封闭后也有积水。这些新的老空区积水，在下水平或下分层开采时如果不及时进行探放水，就可能造成突水事故甚至恶性人身伤亡事故。

为有效防止老空水害，在新采区尚未开采地区掘进时，应先对已开采区进行调查，了解是否有积水存在，以便及早进行疏放。老空区的调查应以收集资料、调查访问为主。

1. 老空区调查资料收集

（1）矿区地质报告，包括矿产的种类、分布、厚度、储量、深度、埋藏特征等资料。

（2）矿产采掘工程平面图、井上井下对照图、采区平面布置图、开采规划图以及相关的文字资料。

（3）老空区的覆岩破坏和地表移动、变形观测资料。

（4）老空区已有的勘察、设计、施工、监测与检测资料。

2. 老空区调查内容

（1）老空区矿层的分布、层数、厚度、深度、埋藏特征和上覆岩层的岩性、地质构造等。

（2）老空区的埋深、采高、开采范围、时间、方法，老空区的塌落、密实程度、空隙和积水等。

（3）老空区的井巷分布、断面尺寸、空间形态及相应的地表对应位置，老空区顶板管理方法、顶板支护方式、顶板垮落情况（冒落带、裂隙带高度和垮落物充填情况）。

（4）老空区地下水赋存类型、分布及其变化幅度、水质和补给情况，老空区附近的抽水和排水情况及其对老空区稳定的影响。

（5）矿井突水、冒顶和有害气体类型、分布特征和危害程度等灾害性事故情况。

（6）地表变形特征及分布，包括地表陷坑、台阶、裂缝的位置、形状、大小、深度、延伸方向及其与地质构造、开采边界、工作面推进方向等的关系。

3. 老空区地下水调查内容

（1）老空区场地的降水量、蒸发量及其变化和对地下水位的影响。

（2）老空区场地附近的河流、渠道、湖泊、水库等地表水体的相对位置、水位、流量等水文情况。

（3）老空区场地井泉位置、标高、深度、出水层位、水位、涌水量、水质、水温、气体溢出情况。

（4）应查明含水层和隔水层的埋藏条件，地下水类型、流向、水位及其变化幅度，地下水的补给排泄及径流条件。

（5）应查明对工程建设有影响的各含水层层位、厚度、水位及水力联系；当场地有多层对工程有影响的地下水时，应分层量测地下水位，并查明互相之间的补给关系。

（6）应查明场地地质条件对地下水赋存和渗流状态的影响；必要时应设置观测孔，或在不同深度处埋设孔隙水压力计，量测压力水头随深度的变化。

（7）通过现场试验，测定地层渗透系数等水文地质参数。

（8）应查明老空区充水条件、充水方式、充水因素，老空区的积水程度、排水情况，导水裂缝带高度，冒落带、裂隙带、弯曲带的富水性及其与含水层的关系。

（9）矿井生产期间井巷出水层位、涌水量，充水因素、条件、水害及防治情况，地下水的水质、污染源及其可能的污染程度和腐蚀性。

第三节　水 文 地 质 勘 探

矿井水文地质勘探的基本任务是，为采矿工业的规划布局和建设、正常安全生产提供水文地质依据，并为水文地质研究积累资料。它一般应分阶段循序进行。矿井水文地质勘探是在矿井建设和生产过程中进行的，它既可以验证和深化对矿床水文地质条件的认识，又可以根据矿井建设生产过程中遇到的水文地质问题，充分利用矿井的有利条件，进行有针对性的矿井水文地质勘探，为矿井建设生产和矿井防治水工作提供依据。

一、水文地质物探

1. 井下局部水害物探

矿床水文地质调查常用的物探方法有视电阻率法、激发极化法、瞬变电磁法、放射性探测等。近几年来，随着井下物探技术日臻完善，井下局部水害探查先后引进了矿井直流电法仪、音频电透仪、瑞雷波仪、无线电波坑透仪、地质雷达等，主要用于巷道掘进头前方、巷道顶底板和侧帮的构造带、富水区和陷落柱探查，工作面隐伏构造探查、工作面顶底板含水层贫富水区域划分，为工作面回采水害安全性评价及煤层顶底板含水层疏放水和注浆改造工程提供科学依据。

2. 老空区工程物探

老空区物探可采用电法、电磁法、地震法、测井法、重力法、放射性等方法。各物探方法的适用条件可按表6-1确定。

物探应综合考虑现场地形地质条件、老空区埋深及分布情况。当采用两种以上物探方法时，宜按表6-2选用，先选择一种物探方法进行大面积扫面，再用第二种方法在异常区加密探测。

在有钻孔的工作区，应采用综合测井、孔内电视及跨孔物探等方法进行井中物探。

表 6-1　　　　　　　　　　　老空区常用物探方法

方法种类		成果形式	适用条件	有效深度/m	干扰及缺陷
电法	高密度电法	平面、剖面	任何地层及产状，具有良好的接地条件	≤100	高压电线、地下管线、游散电流、电磁干扰
	电测深法	剖面	地形平缓，具有稳定电性标志层，地电层次不多，电性层与地质层基本一致	≤1000	
	充电法	平面	充电体相对围岩应是良导体，要有一定规模，且埋深不大	≤200	
电磁法	瞬变电磁法	平面、剖面	探测目标与周围介质呈相对高、低阻，地面或空间没有大的金属结构体、厂矿及较大村镇	500～1000	
	可控源音频大地电磁法				
	地质雷达法	剖面	探测目标与周围介质有一定电性差异，且埋深不大，或基岩裸露区	地面≤30 孔内等效钻孔深	高导、厚覆盖受限
地震法	地震勘探	平面、剖面	折射波法要求被探测物波速大于上覆地层，无法探测速度逆转层；反射波法要求地层具有一定波阻抗差异；两者探测薄层能力差，地形较平坦，地层产状小于30°	适用于深部老空区探测	黄土覆盖较厚、古河道砾石、浅水面埋深大等地区受限

续表

方 法 种 类		成果形式	适 用 条 件	有效深度/m	干扰及缺陷
地震法	瞬态面波法	平面、剖面	覆盖层较薄,老空区埋深浅,地表平坦、无积水	≤40	黄土覆盖较厚、古河道砾石、浅水面埋深大等地区受限
	地震映像	剖面	覆盖层较薄,老空区埋深浅	≤150	
测井法	弹性波CT	剖面	井况良好,井径合理,激发与接收配合良好	等效钻孔深	游散电流、电磁干扰
	常规测井	剖面	电、声波、密度测井在无套管、有井液的孔段进行;放射性测井则无此要求		
	超声成像测井	剖面	无套管有井液的孔段进行		
	孔内摄像	剖面	只能在无套管的干孔和清水钻孔中进行		
重力法	微重力勘探	平面	地形平坦,无植被,透视条件好	≤100	地形、地物
放射性	放射性勘探	平、剖面	探测对象要具有放射性		

注 1. 工程物探的质量控制,应符合《公路工程物探规程》(JTG/T C22—2009)的规定。

2. 有效深度宜通过现场试验确定。

表 6-2 物 探 组 合 方 法

地形情况	地形平坦,较平坦				地形起伏较大
老空区埋深/m	≤10	10～30	30～100	≥100	
第一种方法	地质雷达法	高密度电法	瞬变电磁法	地震反射波法	瞬变电磁法
第二种方法	高密度电法	瞬变电磁法	地震反射波法	瞬变电磁法	地震反射波法
第三种方法	瞬态面波法	瞬态面波法	可控源音频大地电磁法		

二、水文地质钻探

钻探是勘探工作中应用最广泛、可靠的方法,一般不受地形、地质条件的限制,能直接取得岩心样品,勘探深度大、精度较高,还可直接在钻孔中进行原位测试和监测工作。而水文地质钻探除这些任务之外,还必须取得许多水文地质数据或将井孔保留下来,作为地下水动态观测井长期使用。

1. 专门水文地质钻探

(1) 水文地质钻探的基本任务。水文地质钻探是直接探明矿区地下水的一种最重要、最可靠的勘探手段,是进行各种水文地质试验的必备工程,也是对矿区水文地质调查、水文地质物探成果所做地质结论的检验方法。水文地质钻探的基本任务包括以下几项:

1) 揭露含水层,探明含水层的埋藏深度、厚度、岩性和水头压力,查明含水层之间的水力联系。

2) 借助钻孔进行各种水文地质试验,确定含水层富水性和各种水文地质参数。

3) 通过钻孔(或在钻进过程中)采集水样、岩土样,确定含水层的水质、水温和测定岩土的物理力学和水理性质。

4) 利用钻孔监测地下水动态。

(2) 水文地质钻孔的结构特征。水文地质钻孔的结构比一般地质钻孔要复杂,具体要求如下:

1）钻孔的直径（口径）较大。水文钻孔，除了满足取芯的要求外，还必须满足抽水试验的要求，当前水文钻孔的直径一般为 300～500mm，最大孔径可达 1000mm 或更大。

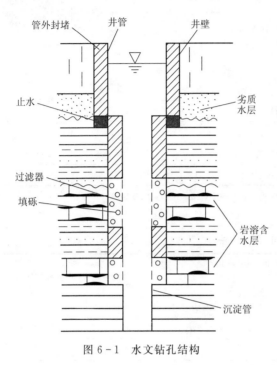

图 6-1　水文钻孔结构

2）钻孔结构复杂。水文钻孔，为了分层取得不同深度含水层的水质、水量及动态资料，或为阻止目标层以外含水层中的劣质地下水进入水井中，常需对揭露的各个含水层采取分层止水的隔离措施。变径下管止水是最有效的隔离方法（图 6-1）。

3）为了保证地下水顺利地进入钻孔，同时又能阻止含水层中的细颗粒物质进入钻孔或防止塌孔，在钻孔揭露的含水层段，常需下入复杂的滤水装置，即过滤器；而对井壁与井管之间的非含水层段，则需用黏土、水泥等止水材料进行封堵，以阻止地表污水或开采含水层以外的劣质地下水沿孔壁和井管之间的空隙流入开采含水层中。

2. 老空区工程钻探

老空区工程钻探应符合下列要求：

（1）工程钻探应对收集、调查的资料，测绘及工程物探成果进行验证，并查明以下内容：

1）老空区覆岩岩性、结构特征以及老空区的分布范围、空间形态和顶底板高程。

2）老空区引起的冒落带、裂隙带和弯曲带的分布、埋深和发育状况。

3）老空区中是否赋存瓦斯等有害、有毒气体。

4）老空区顶板、上覆岩层的岩性及其物理力学性质。

5）老空区的水文地质条件，包括地下水位、水化学类型及其对混凝土的腐蚀性。

（2）钻孔应综合考虑下列情况进行布置：

1）资料收集的完整性、有效性及调绘成果。

2）工程物探异常区域。

3）地表变形观测资料。

4）综合测井和跨孔物探的需要。

5）老空区上覆工程类型的重要程度。

（3）钻孔地质描述除应满足一般工程地质地层描述的要求外，尚应重点描述老空区三带特征。

（4）钻探施工要点与技术要求参照表 6-3，采空区三带判定依据见表 6-4。

表 6 - 3　　　　　　　　　钻探施工要点与技术要求

项　　目	施 工 要 点 与 技 术 要 求
钻机	根据老空区所处的地形和埋深合理选用工程地质钻机,必要时可采用地锚加固钻架
钻具	1. 一般完整地层用普通单管钻具钻进; 2. 软硬互层、破碎松散地层宜采用压卡式单动双管钻具钻进; 3. 坚硬岩层宜采用喷反钻具钻进
冲洗液	1. 致密稳定地层中宜采用清水钻进; 2. 黄土地层可采用无冲洗液钻进
现场技术要求	1. 地下水位,标志地层界面及老空区顶底板测量误差应控制在±0.05m 以内; 2. 取芯钻进回次进尺应限制在 2.0m 以内; 3. 除原位测试及有特殊要求的钻孔外,钻孔均应全孔取芯。坚硬完整岩层取芯率不应低于85%,强风化、破碎的岩石不应低于 50%; 4. 注意观测地下水位并进行简易水文地质观测; 5. 孔斜每百米应小于 1°
钻孔编录	1. 现场记录应及时、准确、按回次进行,不得事后追记; 2. 描述内容应规范、完整、清晰; 3. 钻探记录和岩芯编录应由专业技术人员承担,并有记录员及机长签字; 4. 绘制钻孔柱状图

表 6 - 4　　　　　　老空区钻探现场描述要点与三带判定依据

冒落带判定依据	裂隙带判定依据	弯曲带判定依据
1. 突然掉钻;	1. 突然严重漏水或漏水量显著增加;	1. 全孔返水;
2. 埋钻、卡钻;	2. 钻孔水位明显下降;	2. 无耗水量或耗水量小;
3. 孔口水位突然消失;	3. 岩芯有纵向裂纹或陡倾角裂缝;	3. 取芯率大于 75%;
4. 孔口吸风;	4. 钻孔有轻微吸风线现象;	4. 进尺平稳;
5. 进尺特别快;	5. 瓦斯等有害气体上涌;	5. 开采矿层岩芯完整,无漏水现象
6. 岩芯破碎混杂,有岩粉、淤泥、坑木等;	6. 取芯率小于 75%	
7. 瓦斯等有害气体上涌		

三、水文地质化探

化探是指主要通过水质化验等方法,利用不同时间、不同含水层的水质差异,确定突水水源,评价含水层水文地质条件,确定各含水层之间水力联系的一种方法。近年来,许多矿区除开展了主要含水层的水化学特征研究外,微量元素分析、气体成分分析、溶解氧分析和放射性元素、环境同位素等都在不同矿区的水文地质勘探中得到不同程度的应用。

（1）在大量试验和资料分析的基础上,对不同矿区主要含水层的水化学特征、类型及部分微量元素和水中氧气含量进行研究,总结区分矿区不同含水层水化学基本特征的鉴别指标。

（2）应用水化学方法配合放水试验、连通试验等其他勘探手段,探查某些矿区水文地质问题。

（3）在矿井防治水工作中,地下水示踪是探查水源,查明不同含水层之间水力联系,了解大气降水或地表水与地下水的补给关系以及探查地下水的渗漏地段,探明某些断层的导水性及导水段，查明地下水的补给源及主要来水方向、主要径流通道和计算地下水流速等的一种重要手段。

第四节　水 文 地 质 试 验

水文地质试验是在野外条件下，测定含水层的水文地质参数、裂隙、岩溶发育程度和连通情况等的一种方法，包括抽水、放水、注水、压水、涌水和连通等各项试验。水文地质试验是地下水资源调查中不可缺少的重要手段，许多水文地质资料皆需通过水文地质试验才能获得。

一、大型抽水试验

抽水试验是用专门的抽水设备在钻孔或水井中，对含水层中的地下水进行有节制的强排，在一定范围内迫使地下水位下降，使其形成一个人为抽水降落漏斗，可通过该漏斗在不同涌水量下的空间分布特点及其不同时间的演变规律，直接观察地下水向集水建筑物的进水方式、水量通道，定量确定含水层的渗透能力、储水能力及水位传导能力等水文地质参数和井下水位降深与涌水量的函数关系，从而为矿井疏水或矿井供水提供水量和水位预报的数据。

20世纪70年代以来，在国内外一些大水矿床和某些供水水源地的勘探中，除进行一般性的抽水试验外，还在一些关键性的地点，使用由大量钻孔组成的大口径、大流量、大面积、大降深、强干扰和长时间的大型抽水试验，它暴露的问题多，取得的参数精确。在整个勘察费用中，抽水试验的费用仅次于钻探工作的费用。有时，整个钻探工程主要是为了抽水试验而进行，其试验的目的、任务是：确定含水层及越流层的水文地质参数；确定抽水井的实际涌水量及其与水位降深之间的关系；研究降落漏斗的性状、大小及扩展过程；研究含水层之间、含水层与地表水体之间、含水层与采空积水之间的水力联系；确定含水层的边界位置及性质；进行含水层疏干或地下水开采的模拟，以确定井间距、开采降深、合理井径等设计参数。

二、井下放水试验

放水试验是利用井下放水钻孔和疏水石门等工程，采用阀门调节钻孔和石门的出水量，靠地下水的自流将含水层中的水疏放出来，并按一定的技术要求控制水位（水压）和涌水量，以取得一定的水文地质参数。在勘探巷道，尤其在生产矿井，为确定大水矿床顶底板高压含水层能否降低水压或能否恢复已淹井巷时应用。试验中需要观测放水前静止水位和水压、涌水量、动水位、水温以及恢复水位。通过放水试验可以达到以下目的：

（1）充分反映含水层的富水性、透水性及疏放水的边界条件。

（2）查明各含水层之间及含水层和矿井的水力联系。

（3）为疏干开采提供可靠依据。

（4）了解断层带的导水和富水性。

（5）准确预计延深水平、采区或石门的涌水量。

三、连通试验

连通试验实质上也是一种示踪试验，在上游某个地下水点（矿井、坑道、岩溶竖井及地下暗河表流段等）投入某种指示剂，在下游诸多的地下水点（除前述各类水点外，尚包括泉水、岩溶暗河出口等）监测示踪剂是否出现，以及出现的时间和浓度。试验的目的主要是查明地下水的运动途径、速度、地下河系的连通、延展与分布情况，地表水与地下水的转化关系，老空区积水分布范围与连通，以及矿坑涌水的水源与通道等问题。

试验对指示剂物理、化学性质的要求，一般只要无毒无害即可。常用的指示剂包括离子化物质、有机染料、人工放射性同位素、碳氟化合物和酵母菌等。

第五节　老空区积水量估算与水质评价

煤矿老空区积水是在煤矿老空区或巷道弃置后，在其所限的空间范围内、在矿井充水因素的作用下，地下水在适宜的位置不断汇集。随着时间的积累，其范围不断扩展，水量不断增加，最后形成具有一定规模的"地下水水库"。在煤矿巷道及工作面掘进的过程中，一旦与附近老空积水区贯通，积水在水头压力下顺势进入矿区巷道及工作面，水量大、水流急，若井下排水系统排水能力远低于突水量，积水的迅速灌入甚至会淹没整个工作面，造成淹井事故以及人员伤亡。

一、老空区积水判别及积水量估算

根据目前国内对煤矿老空区积水预测情况，大致可归纳为蓄水构造判断法、采空体积估算法、矿坑涌水计算法、物探解释推断法。

1. 蓄水构造判断法

煤层是储存于沉积岩层的层状矿藏，其埋藏及展布规律除与当时煤层沉积环境有关外，还受后期地质构造演变的影响，常常受控于地质构造。而煤层采空积水，易于储存在有利地下水汇集的构造地段，称为蓄水构造。一般采空区在地层向斜轴迹易于积水，在背斜轴迹易于散流；而地下水一般顺地层倾向从高端向低端运移，易于在低端集聚。根据上述规律，往往可以大致判断采空区积水位置，主要适用于地层褶皱明显、倾斜角度较大的地区。

2. 采空体积估算法

利用煤层采空后采空区所占空间体积进行折算后，计算采空区积水量大小。有效采空积水体积常受采煤方法、回采率、顶板管理方法等因素的影响。此方法主要适用于开采煤层近水平采空区时间较久的老空区地区。

（1）老空区巷道积水量采用如下公式计算

$$W_{巷} = WLK_{巷} \qquad (6-1)$$

式中　$W_{巷}$——与老空区连通的巷道积水量；

$\quad K_{巷}$——巷道充水系数，煤巷取 $0.5 \sim 0.8$，岩巷取 $0.8 \sim 1.0$；

$\quad W$——积水巷道原有断面面积，m^2；

$\quad L$——巷道长度，m。

（2）老空积水区的形态和规模不同，采用的计算公式也不同。

1）当老空积水区形状不规则，积水区走向长度和垂高不容易计算得到时，采用如下公式求取

$$W_{静} = \frac{K_{采}HF}{\cos\alpha} \qquad (6-2)$$

式中 $W_{静}$——老空积水区静储量，m^3；

  $K_{采}$——老空积水区充水系数，$0.3 \sim 0.5$；

  H——老空区积水深度，m；

  F——老空积水区面积，m^2；

  α——煤层倾角，（°）。

2）当老空积水区形状呈长方形，积水区走向长度和垂高比较容易计算得到时，采用如下公式求取

$$W_{静} = \frac{K_{采}Hah}{\sin\alpha} \qquad (6-3)$$

式中 a——老空积水区走向长度，m；

  h——老空积水区垂高，m；

其他符号意义同前。

3）当老空积水区形状为倒锥形分布时，采用如下公式求取

$$W_{静} = \frac{1}{3}K_{采}SH \qquad (6-4)$$

式中 S——倒锥体底面积，m^2；

其他符号意义同前。

3. 矿坑涌水计算法

利用采空区在弃置之前采区范围内原有涌水量，然后乘以采空区弃置时间，可以初步估算采空区积水量的大小，其计算的水量体积应该小于采空区空间体积。此方法主要适用于密封隔离采空区或独立采空区，对当时采区涌水量有相应观测资料且涌水量基本稳定的情况。

4. 物探解释推断法

利用地层及采空区电性特征进行地面物探，可以解释采空区的大致位置、范围及富水情况，是目前许多煤矿探测采空区分布及积水情况采用的方法，多数采用瞬变电磁法。但在物探施工过程中往往受地理环境、地形地物、人为操作等因素的干扰，在资料解释过程中还受仪器灵敏度、人为判别等限制，其解释成果与实际相比常存在一定偏差。此方法主要适用于以往煤矿开采资料较少、采空区范围及积水情况不清、矿区范围分布小窑较多、开采煤层历史较久等情况。

由于煤矿老空区积水的隐蔽性，同时还受所属地区地质条件、人为采动、留置时间等诸多因素的制约，老空区积水的预测很难得到准确的结果。因此，在预测煤矿老空区积水时，应根据煤矿实际情况，采用多种方法综合分析研究，选择比较合适的计算参数，使计算结果更接近实际。

二、积水水质分析

老空区积水是一种具有特殊化学成分的，赋存在老空区中的地下水。其 pH 值往往很低，酸性很强，对排水设备和其他井下设备、设施有很大腐蚀性。老空水的化学成分复

杂，主要取决于老空区积水的补给、排泄条件、老空区的深度、老空区所开采煤层的煤质及顶底板岩性、气候条件等。

一般而言，老空区积水的水质要分析其总酸度、总硬度、各类阳离子、各类阴离子及pH值等内容。水质评价的方法采用单因子评价法，计算公式如下：

$$P_i = \frac{C_i}{C_{si}}$$ （6-5）

式中　P_i——第 i 个水质因子的标准指数，无量纲；

C_i——第 i 个水质因子的监测浓度值，mg/L；

C_{si}——第 i 个水质因子的标准浓度值，mg/L。

标准指数大于1，表明该水质因子已超过规定的水质标准，指数值越大，超标越严重。

第六节　矿床水文地质成果编制

在水文地质调查野外工作结束后，必须全面、系统地编写调查成果报告。在编写成果报告之前，应首先对调查获得的全部室外、室内资料进行校核、分析和整理，特别是对各种实际材料在数量、分析和精度上是否已满足相应调查阶段的规范及实际要求，做出评价。如发现不足，应及时进行现场的补充工作，以保证编写成果报告的质量。

一、矿床水文地质图

在矿区水文地质勘探中，一般应编制三类图件，即综合性图件、专门性图件和附属性图件。在任何情况下，专门性图件都不能代替综合性图件，而只能起辅助作用。

1. 综合性矿床水文地质图

综合性矿床水文地质图是全面反映煤矿区基本水文地质特征的图件，一般是在地质图的基础上编制而成。这种图件可分为区域、矿区和矿井三种基本类型。可编制成矿床充水条件图或矿床水文地质特征图。其内容包括以下几点：

（1）矿体（层）、顶底板隔水层及主要充水层的层位、产状、岩性、厚度、埋深、分布及其水文地质特征。

（2）各种构造，尤其是断裂构造的产状、分布、地质及水文地质特征。

（3）岩溶发育规律及其水文地质特征。

（4）主要充水层的类型、水头分布、流向、补径排特征、水质类型及富水规律。

（5）矿床充水水源的类型、分布、水量及水质特征。

（6）主要充水通道的类型与位置。

综合性矿床水文地质图可表示的内容很多，编图时应视图件比例尺和要求取舍，原则上既要求反映尽可能多的内容，又不能使图面负担过重。

2. 专门性矿床水文地质图

可编制成一套图，如果是水文地质条件简单或资料较少的矿区，也可简编成一张综合性图。主要包括以下内容：

（1）矿床顶底板岩性、厚度、隔透水性、主要充水层等水位（压）线及水位埋深图。

它应反映出矿床（体）本身的各种特性，直接及间接充水层和隔水层的各种特征。

（2）矿床开采条件及突水预测图。内容包括：井巷分布；地表环境改变区的位置、改变性质与规模，如洪水淹没矿床部位、易渗河段、降水易渗地段、塌陷范围及裂缝规模等；预测涌水量增大地段，如裂隙及岩溶强发育部位、地下水强径流带、充水水源分布区；隔水顶底板等厚线及预测可能透水部位，如变薄、尖灭地段、构造严重破坏地段等；主要断裂带隔透水段的位置、破碎带宽度变化及预测隔水转换为透水地段；开采安全与危险分区；主要涌水点位置、水量及预测突水部位；探放水线及安全矿柱留设地段。

（3）矿床疏干防治水措施图。内容包括：矿床井巷分布及开采顺序；主要充水水源及通道位置；疏干方式及各种疏干工程的分布；排水方式，疏干漏斗状态及变化预测；酸性水分布地段与防治措施；堵水与截流工程的位置；安全矿柱与探水线的位置等。

（4）矿区环境地质现状与预测图。内容包括：松散层厚度及岩性；岩溶及裂隙强（弱）发育地段；疏干漏斗现状及预测状态；等水位线；顶板崩落高度的预测分区和底板破坏深度分区；地表塌陷、裂缝、沉陷的现状及预测范围与幅度；陷落柱的估测位置；地表水体的变化；地表水及地下水水质污染的类型、范围及程度的现状与预测等。

上述某些图件要求的内容尚多，不易全部编入，应针对各矿区的主要问题和取得资料的情况进行编制。某些重复内容，可视具体图件要求，编入有关图幅。

3. 附属性矿床水文地质图

此类图件的内容，可依据具体矿区的需要与资料多寡而定，诸如井巷分布及主要涌水与突水点分布图、地表水体整治图、矿区地热升高及污染预测图等。前述专门性图件中的某些内容，按矿区具体情况，亦可编制成相应的附属性图件。

水文地质现象是随时间和空间的延续而不断变化的，因此，相应的图件也应该随工作阶段中采掘工程的进展而不断地补充、修改和更新，即便是在生产阶段也不例外。

二、矿床水文地质报告

文字说明是矿床水文地质工作成果的重要组成部分，主要用以说明和补充水文地质图件，阐述矿区地质、水文地质条件及其对矿井充水的影响。同时应对矿区有关的防治水工作、地下水资源开发与利用及环境水文地质问题等做出结论，并应指出存在的问题，提出下一阶段的工作建议。

矿区水文地质报告文字说明的内容和要求在不同勘探阶段有所不同，一般包括以下几部分内容。

1. 序言

主要介绍矿区的位置、交通、地形、气候条件、地表水系及流域划分、地质及水文地质研究程度、工作任务、工作时间、完成的工作量、工作方法及其他必要的说明。

2. 区域地质条件

主要叙述矿区地层、构造、岩浆侵入体、岩溶陷落柱发育等内容。地层应按由老到新的顺序，介绍各个时代地层的岩性、分布、产状和结构特征，还应介绍第四纪地质的特点。

3. 区域水文地质条件

区域水文地质特征是分析矿井充水条件及确定水文地质条件复杂程度的基础，应从地下水的形成、赋存、运移、水质、水量等各个方面全面论述其区域性特征。

4. 矿区水文地质条件

应重点分析矿井充水条件及其特征，以便为制定矿井防治水措施提供依据。主要包括以下几点：

（1）矿井的直接充水含水层和间接充水含水层，以及其岩性、厚度、埋藏条件、富水性、水压或水位、水质，各含水层之间及其与地表水体之间是否存在水力联系。

（2）构造破碎带和构造裂隙带的导水性，岩溶陷落柱的分布、规模及导水性，封闭不良钻孔的位置及贯穿层位，已开采地区的冒落带、裂隙带及其高度、采动矿压对煤层底板及其对矿井充水的影响等。

（3）与矿井充水有关的主要隔水层的岩性、厚度、组合关系、分布特征及其隔水性能。

（4）预计矿井涌水量时采用的边界条件、计算方法、数学模型、计算参数、预计结果及其评价。

（5）矿井水及主要充水含水层地下水的动态变化规模及其对矿井充水的影响。

（6）划分矿井水文地质类型，说明其划分依据。

必要时，还应对矿区可供开发利用的地下水资源量做出初步评价，指出解决矿区供水水源的方向和途径，简要论述矿区工程地质条件，并对环境水文地质问题做出评价。

5. 专题部分

如果是针对某一方面进行矿区专门性水文地质勘探，如矿井供水水文地质勘探、以矿井防治水为目的的疏干、注浆工程的水文地质勘探、环境水文地质勘探等，则应根据相关规程、规范的要求，对上述内容加以取舍或增补，对有关问题进行专门论述。

6. 结论

对矿区主要水文地质条件、矿井充水条件做出简要结论，提出对矿井防治水和地下水资源开发利用的建议，指出尚存在的水文地质问题，并对今后的工作提出具体建议。

由于地质勘探的阶段性特点，不同工作阶段对成果的要求是和投入的工作量及研究程度相适应的，既不可能超前，更不应该滞后，对不同阶段工作成果的要求均应以有关规程、规范为依据。

参 考 文 献

[1] 何保．煤矿地质学［M］．沈阳：东北大学出版社，2013．

[2] 孙本壮．采矿概论［M］．北京：冶金工业出版社，1982．

[3] 胡绍祥，李守春．矿山地质学［M］．2版．徐州：中国矿业大学出版社，2008．

[4] 沈继方．矿床水文地质［M］．武汉：中国地质大学出版社，1992．

[5] 陈书平，张慧娟．矿井水文地质［M］．北京：煤炭工业出版社，2011．

[6] 王秀兰，刘忠席．矿山水文地质［M］．北京：煤炭工业出版社，2007．

[7] 庞渭舟，刘维周．煤矿水文地质学［M］．北京：煤炭工业出版社，1986．

[8] 葛亮涛．中国煤田水文地质学［M］．北京：煤炭工业出版社，2001．

[9] 王心义．专门水文地质学［M］．徐州：中国矿业大学出版社，2011．

[10] 陈爱光，沈继芳．专门水文地质学——矿床水文地质［Z］．武汉：武汉地质学院水文地质教研室，1983．

[11] 房佩贤．专门水文地质学［M］．北京：地质出版社，2006．

[12] 曹剑锋，迟宝明，王文科，等．专门水文地质学［M］．3版．北京：科学出版社，2006．

[13] 唐其武，冯明伟．煤矿专业基础知识读本（上）［M］．重庆：重庆大学出版社，2012．

[14] 唐其武．煤矿专业基础知识读本（下）［M］．重庆：重庆大学出版社，2012．

[15] 国家安全监管局，国家煤矿安监局，国家能源局，等．建筑物、水体、铁路及主要井巷煤柱留设与压煤开采规程［S］．北京：煤炭工业出版社，2017．

[16] 国家安全生产监督管理总局，国家煤矿安全监察局．矿区水文地质工程地质勘探规范：GB 12719—91［S］．国家技术监督局发布．1991．

[17] 国家煤矿安全监察局．煤矿防治水细则［Z］．2018．

[18] 武强．煤矿防治水手册［M］．北京：煤炭工业出版社，2013．

[19] 庞玉峰，张怀松，刘玉泉，等．煤矿防治水综合技术手册［M］．吉林：吉林音像出版社，2003．

[20] 柴登榜．矿井地质工作手册［M］．北京：煤炭工业出版社，1984．

[21] 赵全福．煤矿安全手册（第五篇）［M］．北京：煤炭工业出版社，1992．

[22] 李世峰，金瞰昆，刘素娟．矿井地质与矿井水文地质［M］．徐州：中国矿业大学出版社，2009．

[23] 张文泉，杨传国，姜培旺，等．矿井水害预防与治理［M］．徐州：中国矿业大学出版社，2008．

[24] 吴玉华，张文泉，赵开全，等．矿井水害综合防治技术研究［M］．徐州：中国矿业大学出版社，2009．

[25] 刘国林，刘国兴．矿井水灾防治与监察［M］．徐州：中国矿业大学出版社，2005．

[26] 张正浩．煤矿水害防治技术［M］．北京：煤炭工业出版社，2010．

[27] 国家煤矿安全监察局．中国煤矿水害防治技术［M］．徐州：中国矿业大学出版社，2011．

[28] 卫修君，邓寅生，郑继东，等．煤矿水的灾害防治与资源化［M］．北京：煤炭工业出版社，2008．